潘成荣 / 主编

安徽城镇常见鸟类图谱

ATLAS OF
COMMON BIRDS
IN URBAN AREAS OF
ANHUI

中国环境出版集团 · 北京

图书在版编目（CIP）数据

安徽城镇常见鸟类图谱 / 潘成荣主编. -- 北京：
中国环境出版集团，2025. 7. -- ISBN 978-7-5111-6267-
0

Ⅰ. Q959.708-64

中国国家版本馆CIP数据核字第2025H2N052号

责任编辑　董蓓蓓
装帧设计　彭　杉

出版发行　中国环境出版集团
　　　　　（100062 北京市东城区广渠门内大街16号）
　　　　　网　　址：http://www.cesp.com.cn
　　　　　电子邮箱：bjgl@cesp.com.cn
　　　　　联系电话：010-67112765（编辑管理部）
　　　　　发行热线：010-67125803
印　　刷　北京鑫益晖印刷有限公司
经　　销　各地新华书店
版　　次　2025年7月第1版
印　　次　2025年7月第1次印刷
开　　本　787×960 1/16
印　　张　11.5
字　　数　200千字
定　　价　110.00元

编委会 EDITORIAL COMMITTEE

《安徽城镇常见鸟类图谱》编辑委员会

主　编　潘成荣

副主编　张浩东　徐　升

编　委　潘成荣　张浩东　徐　升　钱贞兵　廖啟晨　龚　娟　秦　军

主要科学考察人员

安徽省生态环境厅　张浩东

安徽省生态环境监测中心　潘成荣　徐　升　钱贞兵　廖啟晨　龚　娟　秦　军

淮北师范大学　帅凌鹰　纪　磊

生态环境部长江流域生态环境监督管理局生态环境监测与科学研究中心　韩　琨　周学文

安徽农业大学　田胜尼　虞　磊

安庆师范大学　张晓可　朱永可

生态环境部南京环境科学研究所　刘　威　万雅琼

合肥市生态环境局 / 驻市生态环境监测中心　吴晨旭　陈亚慧

芜湖市生态环境局 / 驻市生态环境监测中心　武敏敏　周天保

蚌埠市生态环境局 / 驻市生态环境监测中心　凌雪峰　王金辉

淮南市生态环境局 / 驻市生态环境监测中心　梁　枫　姜世波

马鞍山市生态环境局 / 驻市生态环境监测中心　王贤维　周　平

淮北市生态环境局 / 驻市生态环境监测中心　王艺璇　吕春玲

铜陵市生态环境局 / 驻市生态环境监测中心　陈璋杰　周贤平

安庆市生态环境局 / 驻市生态环境监测中心　汪思宇　贺　彬

黄山市生态环境局 / 驻市生态环境监测中心　汪伯伦　谢　添

滁州市生态环境局 / 驻市生态环境监测中心　张子非　徐天勇

阜阳市生态环境局 / 驻市生态环境监测中心　项　艳　张建忍

宿州市生态环境局 / 驻市生态环境监测中心　李南雍　张　波

六安市生态环境局 / 驻市生态环境监测中心　冯新长　侯登辉

亳州市生态环境局 / 驻市生态环境监测中心　钟景玉　刘冠军

池州市生态环境局 / 驻市生态环境监测中心　余银萍　胡文静

宣城市生态环境局 / 驻市生态环境监测中心　钱　辉　冯邵真

前言

FOREWORD

"江碧鸟逾白，山青花欲燃。"近年来，随着生态环境质量的持续改善，越来越多的鸟类在安徽"落户安家"。鸟类是人类的朋友，是自然界的精灵，也是生态系统的重要组成部分。因为有了鸟类，大自然更加生机勃勃，人们的生活变得更加有趣。

安徽省地处中国东部、长江三角洲地区，总面积 14.01 万平方千米，横跨淮河、长江、新安江三大流域。地势西南高、东北低，地形地貌南北迥异，复杂多样。地处暖温带与亚热带过渡地区，淮河以北属暖温带半湿润季风气候，淮河以南属亚热带湿润季风气候。多样的自然地貌和丰富的水热条件，为鸟类提供良好的栖息环境和丰富的食物来源。安徽省处于东亚—澳大利西亚这一全球候鸟重要迁徙通道。这些得天独厚的因素，使得安徽省的鸟类资源较为丰富，六大生态类群的鸟类均有分布。在安徽这片充满生机与魅力的土地上，城镇是人类生活与发展的主要舞台，而在这繁忙的城镇之中，也栖息着众多灵动可爱的鸟类，为城镇的喧嚣生活增添了一抹别样的自然韵味，成为城镇生态系统中不可或缺的重要组成部分。

"山气日夕佳，飞鸟相与还。"2024 年，安徽省生态环境监测中心在安徽省生态环境厅的领导下组织实施了安徽省生态质量样地监测，重点对各城镇建成区开展了鸟类多样性监测调查。基于监测结果，我们编写了《安徽城镇常见鸟类图谱》，描述了安徽城镇建成区常见的 54 科 155 种鸟类。

为便于基层生态监测工作者和观鸟爱好者学习鸟类知识及掌握鸟类鉴定技巧，本书每个物种均配以本次调查过程中拍摄的图片以供参考。目前，安徽城镇常见鸟类名录仍在逐年增加，这不仅说明了安徽城镇良好的生态环境对众多鸟类具有较为持久的吸引力，也说明安徽城镇的鸟类资源还大有挖掘潜力。对鸟类多样性加以长期监测是开展生态资源保护的前提，我们在安徽城镇的鸟类调查也将持续下去。

编者深知自身学识与能力尚有局限，书中难免存在疏漏与不足，恳请各位读者批评指正。我们相信，《安徽城镇常见鸟类图谱》不只是一本关于鸟类的科普读物，更是一份珍贵的生态记录，希望这本书的出版能够带领读者体验"沉浸式"观鸟，引导人们在城镇生活中更加关注鸟类、保护鸟类，领略鸟类之美、鸟类之慧、鸟类之趣，为安徽生态文明建设和鸟类保护贡献一份绵薄之力，共同守护我们赖以生存的美好家园。让我们一起翻开这本书，走进安徽城镇鸟类的奇妙世界，感受它们的灵动与美丽，开启一段充满惊喜与发现的自然之旅吧！

目录

CONTENTS

鸡形目

GALLIFORMES

- 陆禽
- 喙短尖
- 雄鸟足后具距
- 翼短圆
- 多数尾羽发达
- 杂食性

环颈雉（zhì）

英 文 名： Common Pheasant
学　　名： *Phasianus colchicus*
别　　名： 山鸡、野鸡、雉鸡
体　　型： 大型雉类，雄鸟体长 80 ~ 100 厘米，雌鸟体长 57 ~ 65 厘米。

外形特征： 喙角质色，脚偏灰色，虹膜橙黄色。雄鸟头颈部黑色闪绿紫色金属光，眼周具红色裸皮，具明显的耳羽束，部分亚种颈部具白环。体色鲜艳，具墨绿色至铜色至金色羽毛。尾羽长，呈褐色，具深褐色横斑。雌鸟体色暗淡为枯黄色，身体密布褐色斑纹，尾羽较短。

生活习性： 单独或成小群活动，多栖息于中、低丘陵的草丛、灌丛或竹林中，亦在农田附近活动。飞行迅速有力，作短距离飞行。鸣声多为短促响亮的爆破"砰"音。一般在地面刨食。巢建于草丛、灌丛、树根旁等隐蔽地，呈盘状或碗状。

食　　性： 杂食，主要以植物性食物为食。

保护级别： 国家"三有"保护动物 / 安徽省二级保护野生动物 / 无危（IUCN）。

雄鸟

白鹇（xián）

英 文 名： Silver Pheasant
学　　名： *Lophura nycthemera*
别　　名： 白雉、银鸡、越禽
体　　型： 大型雉类，雄鸟体长 90 ~ 125 厘米，雌鸟体长 60 ~ 70 厘米。
外形特征： 喙黄色，脚红色，虹膜橙红色。雄鸟头部具蓝黑色羽冠，脸上具红色裸皮。脸颊至上体白色，上背具较淡黑色细纹。下体蓝黑色。翼白色，密布黑色细纹。尾长呈白色，外侧尾羽具黑色细纹。雌鸟体色偏褐，羽冠短平近黑色，尾羽较短。
生活习性： 一般集群活动，偏好活动于山林下层的茂密竹丛。常栖息于山地森林中。不善飞，一般在山顶展翅或遇障碍物时起飞。鸣声为尖锐的哨音或作连颤的"咕"声。一般在晨昏时觅食，边觅食边发出鸣声。巢多建于草丛或灌丛间的地面凹处，较为简陋。
食　　性： 杂食，主要以植物性食物为食。
保护级别： 国家二级保护野生动物 / 无危（IUCN）。

雄鸟

灰胸竹鸡

英 文 名： Chinese Bamboo Partridge
学 名： *Bambusicola thoracicus*
别 名： 华南竹鹧鸪、山菌子、中华竹鸡
体 型： 中型竹鸡，体长 27 ～ 35 厘米。
外形特征： 喙灰色，脚灰绿色，虹膜红褐色。头顶红褐色，具灰蓝色宽阔眉纹延伸至前额，脸部栗红色。上背褐色杂以白色、红褐色斑块。颏部至前颈栗红色，颈项部呈灰蓝色，下体黄色，上胸部及两肋具红褐色斑块。两翼具白、红褐色斑块，飞行时翼下两块白斑明显。尾部较短，呈棕红色，具白色或褐色横纹。
生活习性： 常成小群活动，喜活动于灌丛中，多栖息于林区和农耕地，为家庭群栖性。不善飞，飞行时径直且笨拙，作短距离飞行。鸣声一般先为单音节的刺耳长音，再作三音节的尖锐响亮的金属哨音，发音似"你走开"。一般在地面上边走边觅食。巢建于灌丛、草丛、竹林等隐蔽处的地面上，呈凹陷状或浅碗状。
食 性： 杂食，多以植物的果实和种子、无脊椎动物为食。
保护级别： 国家"三有"保护动物 / 安徽省二级保护野生动物 / 无危（IUCN）。

雁形目 —— ANSERIFORMES

- 水栖性
- 喙扁平
- 翅长且尖
- 脚具蹼或半蹼

小天鹅

英 文 名：Tundra Swan
学　　名：*Cygnus columbianus*
别　　名：短嘴天鹅
体　　型：较大型天鹅，体长
115 ~ 150 厘米。

外形特征：喙呈黑色，基部为黄色，上端中线为黑色，幼鸟喙为灰粉色且末端黑色。腿呈黑色。虹膜为棕褐色。全身羽毛洁白，脖颈细长。幼鸟则全身呈灰褐色，头颈部较深。

生活习性：常成对或集群活动。栖息于多芦苇的湖泊、水库和池塘中。迁徙时飞行高度能达到极高。鸣声清脆，与哨声相似。觅食于浅水水域和植被茂盛的水岸边。巢多建于河堤的芦苇丛中，多呈碗状或圆盘状。

食　　性：杂食，主要以水生植物的根、茎、种子等为食，偶尔吃水生昆虫、蠕虫、螺类和小鱼。

保护级别：国家二级保护野生动物 / 无危（IUCN）。

灰雁

英 文 名： Greylag Goose
学　　名： *Anser anser*
别　　名： 大雁、沙鹅、灰腰雁
体　　型： 中型雁，体长 76 ~ 89 厘米，雄鸟略大于雌鸟。
外形特征： 喙为肉粉色，腿为粉红色，虹膜呈深褐色。整体呈灰褐色，背部为灰褐色且边缘呈白色，形成扇形纹，肋上具白色横斑。颈部有深褐色纵裂纹，边缘色浅。飞行时可见飞羽为深色，翼前区为浅色。尾部上下覆羽为白色。 幼鸟上体暗灰褐色，下体灰褐色，无深色斑纹，两肋无白色横斑。
生活习性： 常集群活动。常栖息于富有芦苇和水草的淡水水域或沼泽和草地上。飞行时多列队，鸣声低而深沉。常在植物茂盛的水域岸边和草原、农田、荒地觅食。巢建于隐蔽的水边植被中，有时也在岛屿上筑巢，巢呈浅碗状或平台状。
食　　性： 杂食，主要以各种植物的根、茎、叶、嫩芽、果实和种子为食，偶尔吃螺、虾、昆虫等动物性食物。
保护级别： 国家"三有"保护动物 / 安徽省二级保护野生动物 / 无危（IUCN）。

鸿雁

英 文 名：Swan Goose

学　　名：*Anser cygnoides*

别　　名：草雁、黑嘴雁、原鹅

体　　型：大型雁，体长 81 ~ 94 厘米。雌鸟略小于雄鸟。

外形特征：喙黑色，基部有疣状突起。脚为橘黄色，腿部为肉粉色。虹膜褐色。整体呈浅灰色，上体从头顶至后颈为深褐色，在喙基部围有一圈白环。头部和前胸部颜色较深，腹部为白色。背部和两肋处覆有黑色鳞状纹，背上斑纹边缘呈白色。尾部上羽为黑色，下面为白色。

生活习性：常集群活动。多见于开阔水域和周边植被茂盛的环境。飞行时颈向前伸直，脚紧贴在下腹部。常成队飞行，排列整齐成 "一" 字形或 "人" 字形，速度缓慢。鸣声洪亮、清晰而悠长。常在晨昏觅食于水边植被茂盛处或农田，巢建于植物茂盛的岸边沼泽地上或芦苇丛中，呈浅碗状或盘状。

食　　性：杂食，主要以草本植物芦苇、藻类等为食，也吃甲壳类昆虫和软体动物等。

保护级别：国家二级保护野生动物 / 易危（IUCN）。

豆雁

英 文 名： Bean Goose
学　　名： *Anser fabalis*
别　　名： 大雁、东方豆雁、麦鹅
体　　型： 大型雁，体长 71 ～ 80 厘米。
外形特征： 喙短粗呈黑色，具黄色色带。
脚黄色。虹膜深棕色。整体
呈灰色，头颈部颜色较深。
背部和两肋处覆有黑褐色斑

纹，背上斑纹边缘呈白色，腹部偏白。尾上覆羽黑褐色，下部为白色。
生活习性： 繁殖期成对活动，其余时期多集群活动。安徽省内多见于沼泽、水库
或农田环境。飞行时颈伸长，集群飞行时常有头雁领队，呈一定队形，
发现危险会边盘旋边鸣叫。鸣声嘹亮清脆，为典型的雁叫声。觅食于
沼泽地或农田、草地。巢建于近水岸边或海边岸石、岛屿上，呈浅碗
状或盘状。
食　　性： 杂食，主要以植物如各种嫩芽、嫩叶或果实为食，有时也吃动物性食物。
保护级别： 国家"三有"保护动物／安徽省二级保护野生动物／无危（IUCN）。

赤麻鸭

英 文 名： Ruddy Shelduck

学　　名： *Tadorna ferruginea*

别　　名： 黄鸭、黄凫、红雁

体　　型： 大型鸭，体长 58 ~ 70 厘米。

外形特征： 喙黑色，腿为黑色，虹膜呈褐色。整体呈橙红色，上体头颈颜色较浅，飞行时可见前翼为白色，翅尖呈黑色，翼上部有绿色翼镜。繁殖期雄鸟颈基部有黑色细颈圈。尾黑色。雌雄相似但雌鸟体色更淡，头部近白色，且颈部无颈圈。

生活习性： 常单独或集小群活动，繁殖期成对生活。常栖息于平原的开阔湖泊、江口或周边的沼泽和沙滩。飞行时常边飞边鸣，多呈队列前进。鸣声为响亮的鼻音，飞行时叫声更短。多在晨昏时觅食。巢建于水域边或岛屿上的洞穴中，呈浅盘状或碗状。

食　　性： 杂食，主要以水生植物、农作物幼苗、谷物等植物性食物为食，偶尔吃昆虫。

保护级别： 国家"三有"保护动物 / 安徽省二级保护野生动物 / 无危（IUCN）。

繁殖期雄鸟

棉凫（fú）

英 文 名： Cotton Pygmy Goose

学　　名： *Nettapus coromandelianus*

别　　名： 八鸭、棉鸭、棉花小鸭

体　　型： 小型鸭，体长 31 ~ 38 厘米。

外形特征： 雄性成鸟喙为黑色，腿为黄褐色，虹膜呈橙红色。头颈部和下体主要为白色，前额和头顶为黑色，有黑褐色颈环。背部主要为暗绿色，两肋处呈浅灰色，杂有深色细纹。雌性成鸟较雄性颜色偏棕褐色，喙为黄褐色，虹膜为黑色，有明显黑色贯眼纹。颈部、胸部和两肋处覆有深色鳞状纹。雄鸟尾下覆羽呈黑色，雌鸟为浅褐色。幼鸟与雌鸟相似，但羽毛缺少光泽。

生活习性： 常成对或集群活动。多见于水生植物茂盛的开阔水域环境。飞行迅速且灵活，常低飞，不作长距离飞行。雄鸟会发出响亮的"咔咔咔"的啭音，雌鸟叫声更柔和。觅食于浅水植物茂盛区域。巢建于树洞内。

食　　性： 杂食，主要以水生植物、昆虫、软体动物和小鱼等为食。

保护级别： 国家二级保护野生动物 / 无危（IUCN）。

青头潜鸭

英 文 名： Baer's Pochard

学　　名： *Aythya baeri*

别　　名： 白目凫、东方白眼鸭、青头鸭

体　　型： 中型潜鸭，体长 42 ~ 47 厘米。

外形特征： 喙为深蓝灰色。腿为灰色。雄鸟虹膜白色，雌鸟虹膜棕褐色。雄成鸟头颈处为墨绿色，有金属光泽。雌成鸟头颈处则为黑褐色。雌雄成鸟上体均为黑褐色，胸部为棕褐色，两肋主要为褐色，杂有白色竖纹。飞行时可见白色的尾羽和腹部。

生活习性： 常成对或集群活动。栖息于水生植物茂盛的水域如湖泊、水塘中。飞行时快速灵活，起飞迅速，常常在低空飞行。鸣声为粗哑的"嘎嘎"声。常潜水觅食。巢建于岸边植被丛和蒲草丛中，呈浅碗状或盘状。

食　　性： 杂食，主要以水生植物为食，偶尔吃软体动物和水生昆虫、甲壳动物。

保护级别： 国家一级保护野生动物 / 极危（IUCN）。

雄鸟

斑嘴鸭

英 文 名： Chinese Spot-billed Duck
学　　名： *Anas zonorhyncha*
别　　名： 大麻鸭、花嘴鸭
体　　型： 大型鸭，体长 58 ～ 63 厘米。
外形特征： 喙为黑色，末端具黄色斑块。腿呈橙红色，虹膜为深褐色。头呈淡黄色，有黑色贯眼纹，头顶从喙延伸至脑后为深色。喙基部下端也有一条深色细纹。躯干覆有深褐色鳞状纹，边缘为白色。飞行时可见蓝紫色翼镜，尾部呈黑褐色。雌雄相似，但雌鸟颜色暗淡。
生活习性： 常成对或集群活动。安徽省内多见于挺水植物茂盛的湖泊、沼泽或农田环境。常成群迁飞。鸣声宏亮而清脆，穿透力强。觅食于近水岸边或浅水水域。巢建于水域岸边植被丛中，有时也营巢于海岸岩石间，巢呈浅碗状或盘状。
食　　性： 杂食，主要以水生植物、谷物和软体动物、昆虫为食。
保护级别： 国家"三有"保护动物 / 安徽省二级保护野生动物 / 无危（IUCN）。

绿头鸭

英 文 名: Mallard
学　　名: *Anas platyrhynchos*
别　　名: 野鸭、大红腿鸭
体　　型: 体型中等，体长 50 ~ 65 厘米。
外形特征: 雄成鸟喙为黄色，雌成鸟喙为
橙黄色，喙中间均具黑斑。腿
为橙黄色。虹膜呈黑褐色。雄
成鸟头颈部为深绿色，有明显金属光泽，颈部具白色颈环，将颈和深
褐色胸部隔开。下体呈银灰色，尾部上下覆羽均为黑色。雌性成鸟整
体呈棕褐色，头顶为黑褐色，具黑色贯眼纹，背部和下体覆深褐色斑
纹，尾部为白色覆棕色斑点。飞行时可见其蓝色翼镜。

生活习性: 常成对或集群活动。多见于水生植物丰富的水域中，也出现于开阔水
域附近的沼泽和草地。常成群飞动，活动时常发出叫声。雄鸟鸣声轻
柔，雌鸟鸣声似家鸭。觅食于水边湿地或农田。巢建于水域岸边的植
被中、河滩上或岩石上，呈深碗状或杯状。

食　　性: 杂食，主要以植物各部分或种子等为食，也吃各类无脊椎动物。

保护级别: 国家"三有"保护动物 / 安徽省二级保护野生动物 / 无危（IUCN）。

雄鸟

雌鸟

雄鸟

鸊鷉（pì tī）目 —— PODICIPEDIFORMES

- 游禽
- 喙尖直
- 多肉食性
- 脚具瓣蹼，擅潜水

小䴙䴘

英 文 名：Little Grebe
学　　名：*Tachybaptus ruficollis*
别　　名：水葫芦、油葫芦、油鸭
体　　型：小型䴙䴘，体长 23 ～ 29 厘米。
外形特征：喙尖呈黑色，繁殖期喙基部口
　　　　　裂处为黄色，幼鸟喙尖为黄色。
　　　　　脚呈蓝灰，趾尖为浅色，趾上
　　　　　有蹼。虹膜褐色或棕色。繁殖

亚成鸟

期，喉部及颈前端为红棕色偏红，头顶和颈背部为深褐色，上体为褐色，下体呈褐色偏灰，具有明显的黄色嘴斑。非繁殖期，上体为深灰褐色，下体呈淡黄色，覆有深色斑纹。幼鸟与非繁殖期成鸟相似，脸颊处有黑白相间的斑纹。

生活习性：单独或集群活动。常活动于有丰富水生生物的湖泊、沼泽或涨水的稻田里。鸣声为嘹亮重复的高音吱叫声。巢建于远离水边的灌木丛或水草中，为浮巢。
食　　性：肉食，主要以各种小型鱼虾类、昆虫幼虫等动物性食物为食。
保护级别：国家"三有"保护动物 / 无危（IUCN）。

成鸟

凤头䴙䴘

英 文 名：Great Crested Grebe
学　　名：*Podiceps cristatus*
别　　名：张八狗、水老鸹
体　　型：大型䴙䴘，体长 45 ~ 51 厘米。
外形特征：喙细直而侧边扁，末端尖。腿深灰色，趾上具宽阔的脚蹼。繁殖期，颊部白色，前额和头顶黑色，头后具黑色羽簇。颈部具斗蓬状翎领，基部为棕红色，末尾黑色。上体红褐色，下体白色。幼鸟全身被绒毛，颈部杂有几条棕褐色纵纹。
生活习性：成对或集群活动，常活动于水面开阔且周边长有挺水植物和水草的湖泊中。鸣声宽厚且洪亮。常潜水捕食。巢建于水面上，为浮巢。
食　　性：肉食，主要以鱼类为食。
保护级别：国家"三有"保护动物 / 安徽省二级保护野生动物 / 无危（IUCN）。

繁殖羽

鸽形目 ——

COLUMBIFORMES

- 喙短粗
- 脚短且强健
- 嗉囊发达
- 杂食性

山斑鸠

英 文 名： Oriental Turtle Dove
学　　名： *Streptopelia orientalis*
别　　名： 山鸠、山鸽子、大花鸽
体　　型： 中型斑鸠，体长 28 ～ 36 厘米。
外形特征： 喙灰色，脚粉红色，虹膜橙黄色。上体偏灰褐色，头部前端呈淡蓝色，上背具鱼鳞状黑红相间的羽缘。颈部具黑白相间的斜条纹，幼鸟无。下体偏粉红色，腹部沾灰。尾羽呈黑灰色，末端全部呈白色。
生活习性： 单独或成对活动。喜在开阔的耕地、村庄活动，常栖息于树林中。起飞时振翅声明显，雄鸟求偶时会在空中盘旋。鸣声为有规律的四声咕咕声，前两声紧凑较短促，后两声拖音较长。在地面取食且边走边吃。巢建于树上，呈浅盘状。
食　　性： 杂食，主要以农作物和果实为食。
保护级别： 国家"三有"保护动物 / 安徽省二级保护野生动物 / 无危（IUCN）。

火斑鸠

英 文 名： Red Turtle Dove
学　　名： *Streptopelia tranquebarica*
别　　名： 红斑鸠、红鸠、火鹧鸪
体　　型： 小型斑鸠，体长 20 ~ 23 厘米。
外形特征： 喙黑灰色，腿深灰色，虹膜棕色，眼周偏白色，喉部灰白色。雄鸟身体颜色鲜艳，呈酒红色，头部蓝灰色；雌鸟身体颜色暗淡，整体偏褐色，头部和身体颜色相近。后颈均具黑色半领环，且雄鸟半颈环更粗。尾部较短偏蓝灰色，中央灰色尾羽延伸至端部，外侧尾羽端部呈白色。

雄鸟

生活习性： 成对或成群活动，有时和其他斑鸠混群。偏好活动于开阔地带，常栖息于电线上或者高大的树枝上。飞行十分迅速，振翅声明显。鸣声为一连串急促低沉的重复咕咕声，且第一音发音较重，有时也发出三至四音节较高昂短促的叫声。喜在地面疾走觅食。巢建于低山或山脚的林中，呈圆盘状。
食　　性： 杂食，主要以农作物和杂草的种子为食。
保护级别： 国家"三有"保护动物 / 安徽省二级保护野生动物 / 无危（IUCN）。

左雄右雌

珠颈斑鸠

英 文 名： Spotted Dove
学　　名： *Spilopelia chinensis*
别　　名： 花斑鸠、珍珠鸠、珠颈鸽
体　　型： 中型斑鸠，体长 27 ~ 33 厘米。
外形特征： 喙偏黑色，脚紫红色，虹膜橘
黄色。上体呈紫黑色，头部灰
色，具不明显白色羽缘，头部
蓝灰色。颈部具密布白色圆点
的黑斑，幼鸟无。下体淡紫红色。尾部较长，中央尾羽黑色，外侧尾
羽端部具白色宽斑。
生活习性： 单独或成对活动，有时与其他斑鸠混群。多见于村庄、城市公园、次
生林等，常栖息于枝头。飞行时速度较快，振翅频率高，但持续时间
短。雄鸟求偶时会绕圈飞行并展示双翅和尾巴。鸣声为二至四声的响
亮"咕咕"声，最后一声音调加重，且边鸣边作点头状。常在草地和
农田中觅食。巢常建于枝杈或矮丛中，巢十分简陋呈平盘状，有时会
占用同类或其他鸟类的巢，也会在人类的花盆、窗台等地方营巢。通
常为"一夫一妻"制，雌雄亲鸟共同育雏。
食　　性： 杂食，主要以植物种子为食，偶尔也取食昆虫等动物性食物。
保护级别： 国家"三有"保护动物 / 安徽省二级保护野生动物 / 无危（IUCN）。

夜鹰目 —— CAPRIMULGIFORMES

- 攀禽
- 喙短或细长
- 口裂大
- 两翼尖长，善飞
- 腿短弱

小白腰雨燕

英 文 名： House Swift
学　　名： *Apus nipalensis*
别　　名： 小雨燕、家雨燕、台燕
体　　型： 中型雨燕，体长 13 ~ 15 厘米。
外形特征： 喙黑色，脚黑色，虹膜褐色。头部深褐色，背部黑色，腰白色。喉部白色，下体呈纯黑色。翼黑色且尖长。尾部黑色呈凹形。
生活习性： 集群活动，常与其他燕类混群。偏好栖息于开阔林区、石壁、建筑物。基本在空中生活，飞行平稳且迅速。夜宿前飞行时喜鸣叫，鸣声十分响亮，为一连串有节奏的高亢颤音。在开阔地区上空边飞边觅食。巢建于屋檐下、洞穴口或悬崖，呈浅碟状。
食　　性： 食虫，主要以蚊、蝇等飞行性昆虫为食。
保护级别： 国家"三有"保护动物 / 安徽省一级保护野生动物 / 无危（IUCN）。

鹃形目 —— CUCULIFORMES

- 攀禽
- 喙长略下弯
- 对趾型
- 两翼尖长
- 尾长
- 多巢寄生

小鸦鹃

英 文 名： Lesser Coucal
学 名： *Centropus bengalensis*
别 名： 小毛鸡、小黄蜂、小雉喀咕
体 型： 较大型鸦鹃，体长 34 ～ 40 厘米。
外形特征： 喙黑色，非繁殖期为黄褐色。腿黑色，虹膜红褐色。雌雄外形相似，繁殖期时，头颈部至下体到尾部均为黑色，背部和双翼为橙褐色，翼上覆羽有深色纵纹。非繁殖期整体呈黄褐色，头颈部和上体覆有黑色斑纹和淡黄色纵纹，尾部密布黑褐色横斑。幼鸟上体为黄褐色，遍布黑色横纹，尾部近黑色，杂有褐色条纹。
生活习性： 常单独或成对活动。常活动于灌木丛、沼泽地带或开阔的草地。飞行距离短。鸣声急促，先发出两声重复的金属混音，然后节奏加快、音调降低。常于地面觅食。巢建于茂盛的灌木丛或其他植物丛上，呈球形或椭圆形。
食 性： 杂食，主要以昆虫和小型无脊椎动物为食，偶尔吃植物果实和种子。
保护级别： 国家二级保护野生动物 / 无危（IUCN）。

噪鹃

英 文 名： Western Koel
学　　名： *Eudynamys scolopaceus*
别　　名： 嫂鸟、鬼郭公、哥好雀
体　　型： 大型鹃，体长 39 ~ 46 厘米。
外形特征： 喙为黄绿色，腿呈蓝灰色，虹膜呈红色。雄鸟整体呈蓝黑色。幼鸟与雄鸟相似，尾部和翼上具有黄白色斑点，下体腹部有白色横斑。雌鸟上体和双翼为深褐色，密布黄白色点状斑，下体从前颈部下至尾部近白色，遍布黑色杂斑，尾下覆羽黑色横纹较粗。
生活习性： 常单独活动。常活动于居民点附近树木茂盛的环境中，但性隐蔽，极难见到。受惊后会在树木间短距离飞行。鸣声常为响亮的"卡—哦"声，升调。常在林间树木顶层枝繁叶茂处觅食。不自营巢，而把卵置于其他鸟类巢内。
食　　性： 杂食，主要以植物果实和种子为食，偶尔也吃昆虫及其幼虫。
保护级别： 国家"三有"保护动物 / 安徽省一级保护野生动物 / 无危（IUCN）。

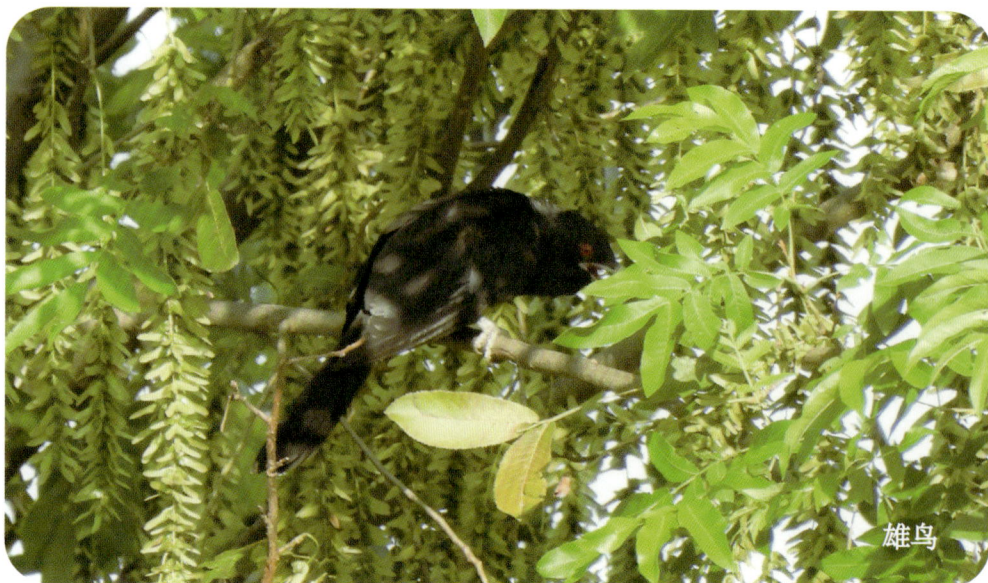

雄鸟

大杜鹃

英 文 名：Common Cuckoo
学　　名：*Cuculus canorus*
别　　名：布谷鸟、郭公、喀咕
体　　型：中型鹃，体长 30 ~ 35 厘米。
外形特征：喙较长，喙尖为黑色，基部过渡为黄色。腿呈黄色，虹膜为黄色，眼周也为黄色。雄性个体整体呈浅灰色，胸腹部偏白且有黑色细横纹。翅膀颜色较深，翅尖为黑褐色。尾部约占身长的 1/3，颜色较深。雌性个体全身呈棕褐色，遍布黑色斑纹，胸腹部颜色偏白具黑色横纹，头部有深色杂斑。尾下覆羽为白色。
生活习性：常单独活动。活动于开阔的林地及大片芦苇地环境。飞行时速度快，路线常为直线，在落脚前常滑翔一段距离。鸣声为"布谷"，响亮且重复。常在开阔林地觅食。不自营巢，而把卵置于其他鸟类巢内。
食　　性：杂食，主要以鳞翅目昆虫、甲虫、蜘蛛等为食。
保护级别：国家"三有"保护动物 / 安徽省一级保护野生动物 / 无危（IUCN）。

小杜鹃

英 文 名： Lesser Cuckoo

学　　名： *Cuculus poliocephalus*

别　　名： 小布谷鸟、点灯捉蚝蚤、小郭公

体　　型： 小型鹃，体长 24 ~ 26 厘米。

外形特征： 喙基部为黄色，到尖部过渡为灰褐色。腿黄色，虹膜褐色。雄鸟上体灰黑色，头颈部为黑色，下体胸腹部有黑色宽横纹，间距较大。尾下覆羽呈黄褐色，一般少纹。雌鸟上胸部呈浅红褐色，且杂有黑色细纹。棕色型雌鸟则上体呈红褐色杂有黑色细纹。尾部较长。幼鸟颈部有深色杂斑。

生活习性： 常单独活动，常活动于开阔的林地上层。鸣声响亮但粗哑，声音似"阴天打酒喝喝"。常在林地觅食。不自营巢，而把卵置于其他鸟类巢内。

食　　性： 杂食，主要以鳞翅目昆虫幼虫和膜翅目昆虫为食。

保护级别： 国家"三有"保护动物 / 安徽省一级保护野生动物 / 无危（IUCN）。

鹤形目 —

GRUIFORMES

- 涉禽、游禽
- 体型差异大
- 喙直
- 腿长、趾长
- 杂食性

红胸田鸡

英 文 名： Ruddy-breasted Crake
学　　名： *Zapornia fusca*
别　　名： 红腹秧鸡
体　　型： 小型秧鸡，体长 19 ~ 23 厘米。
外形特征： 喙短呈黑色，腿红色，虹膜红
色。上体褐色从头顶延伸至尾
部，脸颊及胸部呈深红色，下
腹及尾下呈黑色并具白色细纹。
尾部略上翘，与身体相连呈三角形。
生活习性： 常成对活动。多栖息于沼泽、河边草丛、水塘中，亦在低山丘陵、
林缘地带活动。善奔跑和飞行，但一般不飞。飞行时两脚悬垂，飞
得又快又直但飞距较短，沿地面或水面飞行。鸣声为一连串的响亮
颤音，升调。喜在晨昏觅食。巢建于水边和水稻田埂边的草丛及灌
丛上，呈浅杯状或盘状。
食　　性： 杂食，主要以软体动物、水生昆虫和植物的叶、芽、种子为食。
保护级别： 国家"三有"保护动物 / 安徽省二级保护野生动物 / 无危（IUCN）。

红脚田鸡

英 文 名： Brown Crake
学　　名： *Zapornia akool*
别　　名： 棕苦恶鸟
体　　型： 中型秧鸡，体长 25 ~ 28 厘米。
外形特征： 喙粗，嘴基黄绿色明显，嘴端黑色。腿紫红色，虹膜红色。上体褐色，头顶与身体颜色相近。脸及胸部灰色沾黑，喉部偏白色，腹部和尾下偏褐色。幼鸟身体灰色较少。
生活习性： 一般单独或成对活动。喜平原、丘陵、湿地等环境。善于奔跑、游泳和涉水，不善飞行。偶尔会短距离飞行，飞行时脚下垂，且飞行能力较弱。鸣声为拖长的尖细哨音，降调。多在黄昏觅食。巢常建于芦苇多、草多的沼泽，呈浅盘状或碗状。
食　　性： 杂食，主要以昆虫、螺等小型无脊椎动物为食，亦取食植物的幼嫩部分及种子。
保护级别： 国家"三有"保护动物 / 安徽省二级保护野生动物 / 无危（IUCN）。

白胸苦恶鸟

英 文 名： White-breasted Waterhen
学　　名： *Amaurornis phoenicurus*
别　　名： 白腹秧鸡
体　　型： 较大型秧鸡，体长 28 ~ 35 厘米。
外形特征： 喙粗呈黄绿色。上嘴沾黑且基部
红色。脚黄色。虹膜红色。头顶
至尾上部呈黑色，额头至胫上端
白色，下腹和尾下呈红棕色。

生活习性： 一般单独或成对活动。喜隐蔽的环境，常栖息于杂草丛、池塘、田地
中，亦栖息于人类居住地附近。善于步行、奔跑、涉水，起飞较笨拙，
偶尔作短距离飞行。步行时头颈前后伸缩且尾部上下摆动，飞行时头
颈伸直且两腿悬垂。喜在发情期和繁殖期晚上彻夜重复鸣叫，鸣声似
"苦恶"且嘶哑嘹亮。巢建于水边或近水的草丛、灌木丛中，十分隐
蔽，呈杯状或平台状。
食　　性： 杂食，以昆虫、蜗牛等动物性食物和草籽及水生植物的幼嫩部分等植
物性食物为食。
保护级别： 国家"三有"保护动物 / 安徽省二级保护野生动物 / 无危（IUCN）。

黑水鸡

英 文 名： Common Moorhen
学　　名： *Gallinula chloropus*
别　　名： 红冠水鸡、红骨顶、红鸟
体　　型： 中型秧鸡，体长 24 ~ 35 厘米。
外形特征： 喙短具红色额甲，端部呈黄色。
腿黄绿色沾红色。虹膜红色。
整体偏黑色，背上覆羽褐色，
两肋具细线状条纹。尾部上翘，

争斗

尾下两边各具一块白斑。不同时期的黑水鸡外形差异较大。
生活习性： 一般单独或成对活动，亦集小群。常见于湖泊、池塘、沼泽等环境，
不喜开阔场所。善于游泳和潜水，喜栖息于水中。不善飞行，起飞前
需在水上助跑一段距离。鸣声响亮，常为一连串四或五音节的爆破音，
有时亦发出粗哑的孤鸣。喜在水中边游边觅食。巢建于草丛或芦苇丛
中，呈深碗状或堆状。具有领域性，雌雄亲鸟共同筑巢。
食　　性： 杂食，以水生植物幼嫩的茎、叶等为食，亦取食小鱼、飞蝗等动物
性食物。
保护级别： 国家"三有"保护动物 / 安徽省二级保护野生动物 / 无危（IUCN）。

幼鸟

幼鸟

亚成鸟

成鸟

白骨顶

英 文 名: Common Coot
学　　名: *Fulica atra*
别　　名: 骨顶鸡
体　　型: 大型秧鸡,体长 36 ~ 41 厘米。
外形特征: 喙粗呈白色,具白色额甲。腿黄绿色,具瓣蹼足。虹膜红色。通体黑色,仅在飞行时可见其后翼缘呈狭窄白色。

生活习性: 常集群活动,喜晃动身体和点头。喜在具挺水植物的湖泊、水塘、苇塘、深水沼泽地活动,栖息于低山丘陵和各类开阔的水域中。善于潜水和游泳。飞行前需在水面上助跑,借助快速扇动翅膀飞起。鸣声短促且单调重复,十分嘈杂。常潜水觅食。巢建于开阔水域的草丛或芦苇丛中,呈大型平台状。繁殖期会相互争斗追打。鉴于幼鸟乞食压力,成鸟会攻击甚至啄死或饿死较弱的幼鸟。
食　　性: 杂食,主要以小鱼、虾、水生昆虫及植物的幼嫩部分、果实、种子为食。
保护级别: 国家"三有"保护动物 / 安徽省二级保护野生动物 / 无危(IUCN)。

- 涉禽
- 喙粗长、喙基厚
- 颈长
- 脚长
- 飞行能力强
- 部分具迁徙性

东方白鹳

英 文 名： Oriental Stork

学　　名： *Ciconia boyciana*

别　　名： 水老鹳、白鹳

体　　型： 大型鹳，雄鸟略大于雌鸟，体长 100 ~ 115 厘米，翼展约 2.22 米。

外形特征： 喙粗长呈黑色，基部宽厚沾紫红色，微上翘。脚长呈红色。虹膜浅黄白色。头颈部白色，眼周红色。身体大部分呈白色，喉部红色。两翼黑色闪紫色或绿色金属光泽，飞行时其白色翼下覆羽与黑色飞羽对比明显。尾部白色。幼鸟与成鸟相似但飞羽偏褐色，金属色不明显。

生活习性： 一般成群活动，繁殖期多活动、栖息于开阔平原，偏好疏林河流、湖泊和沼泽地。冬季主要在沼泽地带、大型湖泊等地栖息。停栖时喜单脚或双脚站立，颈缩呈"S"形。飞行时振翅缓慢，颈向前伸直，会借助气流盘旋向上飞。鸣声为响亮急促的哨音，亦会通过上下喙扣击发出一串"哒哒"声用以交流。多觅食于水边、草丛、沼泽地上，边走边啄食。多营巢于树顶上，呈大型平台状，雌雄亲鸟共同育雏。

食　　性： 肉食，主要以鱼类为食。

保护级别： 国家一级保护野生动物 / 濒危（IUCN）。

鹈（tí）形目 ——— PELECANIFORMES

- 涉禽
- 喙长
- 颈长
- 腿长
- 翼阔，尾羽较短
- 多数具迁徙性

白琵鹭

英 文 名： Eurasian Spoonbill
学　　名： *Platalea leucorodia*
别　　名： 琵琶嘴鹭、等盘子
体　　型： 大型琵鹭，体长 80 ～ 95 厘米。
外形特征： 喙扁平呈黑色，喙端扩大呈黄色，为琵琶状。脚黑色。虹膜黄色或红色。繁殖期头部具黄白色饰羽，眼先至喙基具一黑色线相连，颏部至喉部具红黄色裸皮，具橙黄色颈环，身体白色沾淡黄色。非繁殖期通体白色。
生活习性： 单独或集群活动，偏好活动于开阔的湿地环境，栖息于河流、湖泊、海岸红树林等各类生境，呈"一"字形分散休息。一般排成单行飞行或进行波浪式斜飞，飞行时头颈向前伸直，喜先鼓翅飞行再滑翔。一般只在繁殖期鸣叫，鸣声多为一串鼻音，似呲水声。常在浅水中边走边张开嘴觅食。成群营巢于干旱芦苇丛、灌丛、地上和树上，呈浅盘状，雌雄亲鸟共同育雏。
食　　性： 肉食，主要以小型水生动物为食。
保护级别： 国家二级保护野生动物 / 无危（IUCN）。

黄斑苇鳽（jiān）

英 文 名： Yellow Bittern
学　　名： *Ixobrychus sinensis*
别　　名： 水骆驼、小老等、黄小鹭
体　　型： 小型鳽，体长 30 ～ 40 厘米。
外形特征： 喙绿色沾褐，上端呈黑色。脚黄绿色。虹膜黄色。成鸟头顶具黑色顶冠，上体黄褐色，眼先具黄绿色裸皮，下体具黄色长条纵纹。飞羽及尾部呈黑色。雄成鸟身体颜色较浅，颈部纵纹不明显。亚成鸟全身布满纵纹，褐色更深。

成鸟

生活习性： 单独或成小群活动。栖息于平原，喜在芦苇丛、荷花丛等有茂密挺水植物的开阔水域中活动。一般不鸣叫，飞行时发出一连串尖利的叫声，繁殖期间发出空灵的、一声一顿的"呼"声。常在浅水区涉水觅食。遇干扰时，立刻伫立不动或伸长头颈部观望。巢多建于浅水区的芦苇丛中，呈盘状。
食　　性： 肉食，主要以鱼、虾、蛙、水生昆虫为食。
保护级别： 国家"三有"保护动物 / 安徽省二级保护野生动物 / 无危（IUCN）。

亚成鸟

黑鳽

英 文 名：Black Bittern

学　　名：*Ixobrychus flavicollis*

别　　名：黑长脚鹭鸶、乌鹭

体　　型：中型鳽，体长 49 ~ 64 厘米。

外形特征：喙长呈紫黑色，脚黑褐色，虹膜褐色或红色。雄成鸟头颈部青黑色，颈侧黄色。通体青黑色，颈部至胸部具清晰黑色、黄色纵条纹。雌鸟与雄鸟相似但身体偏褐色，下体纵纹较杂乱。亚成鸟上体羽缘黄色。

生活习性：一般单独活动，常活动于低山丘陵地带的湖泊、溪边、芦苇、沼泽等地。飞行时脖子扭结特殊，并发出响亮的"呱呱"声。繁殖期鸣声多为一声拖长的"呼"音。常在晨昏和夜晚觅食。巢多建于水域岸边的灌丛、芦苇丛、竹林和柳树上，呈盘状。

食　　性：肉食，以鱼、虾、水生昆虫和泥鳅为食。

保护级别：国家"三有"保护动物 / 安徽省二级保护野生动物 / 无危（IUCN）。

夜鹭

英 文 名： Black-crowned Night Heron
学　　名： *Nycticorax nycticorax*
别　　名： 水洼子、灰洼子、夜鹤
体　　型： 中型鹭，体长 58 ~ 65 厘米，雌鸟小于雄鸟。
外形特征： 喙黑色。脚黄色。成鸟虹膜红色，具黑色顶冠，枕部具白色根状饰羽。头部大，上体深色，下体银灰色，两翼及尾部呈灰色，身体较为粗壮。繁殖期间眼先和脚变成红色。亚成体喙基部黄绿色，虹膜黄色，整体呈褐色，翼上具皮黄色椭圆形块斑，下体密布纵纹，腹部白色。
生活习性： 单独或集群活动。喜在池塘、沼泽、水田等湿地环境活动和栖息。飞行时颈部缩起。鸣声一声一顿，发音似"呱"。常涉水觅食，有时亦伫立在水中树枝上等待食物，眼睛紧盯水中。巢多建于高大树木上，呈浅盘状或扁平平台状。
食　　性： 肉食，主要以鱼、虾为食，可以捕食较大型食物。
保护级别： 国家"三有"保护动物 / 无危（IUCN）。

成鸟

亚成鸟

绿鹭

英 文 名： Green-backed Heron

学 名： *Butorides striata*

别 名： 绿蓑鹭、打鱼郎、鹭鸶

体 型： 小型鹭，体长 35 ~ 48 厘米，雌鸟略小于雄鸟。

外形特征： 喙下端黄绿色，上端黑色，嘴基部至枕部具一黑色线。脚绿色。虹膜黄色，眼先具绿色裸皮。成鸟具黑色顶冠及冠羽，阳光下闪绿色光泽。整体呈灰黑色，具皮黄色闪绿色金属光泽羽缘。幼鸟身体密布斑纹，翼上斑纹呈线条状。

生活习性： 一般单独活动，常栖息于稻田、芦苇丛、红树林等有茂密植被的环境。飞行时振翅频率高，速度快，高度低。鸣声一般为一连串的去音，告警时发出响亮的似"嗷呜"的叫声。多在晨昏觅食，常在水边静候过往的食物，紧盯水面，一旦发现目标就将嘴迅速扎入水中。巢多建于隐蔽的枝杈上，呈浅盘状或浅碟状。

食 性： 肉食，主要以鱼类为食。

保护级别： 国家"三有"保护动物 / 安徽省二级保护野生动物 / 无危（IUCN）。

池鹭

英 文 名：Chinese Pond Heron
学　　名：*Ardeola bacchus*
别　　名：红毛鹭、沙鹭、田螺鹭
体　　型：较小型鹭，体长 40 ~ 50 厘米，雌鸟略小于雄鸟。

成鸟

外形特征：喙黄色，尖端黑色。腿黄绿色，趾黄色。虹膜黄色，眼先具黄色裸皮。繁殖期时头颈部呈红色，喉部白色，背部紫黑色，下体呈白色。冬羽及亚成体站立时可见身体具黄褐色纵纹。飞羽白色沾褐。尾部白色。

生活习性：单独或成群活动。喜栖息于稻田、池塘、湖泊、沼泽、湿地等水域，有时亦栖息于水域附近的树上。飞行时振翅慢，脖子缩起。鸣声单调且粗糙。多边走边觅食，亦喜长时间静待猎物，发现猎物后迅速捕食。巢建于水域附近的高大树上，呈圆盘状。喜成群营巢。

食　　性：杂食，主要以鱼、虾、蟹、昆虫为食，有时也吃少量植物。

保护级别：国家"三有"保护动物 / 无危（IUCN）。

亚成鸟

繁殖羽

牛背鹭

英 文 名： Cattle Egret

学 名： *Bubulcus coromandus*

别 名： 黄头鹭、畜鹭、放牛郎

体 型： 较小型鹭，体长 45 ~ 55 厘米。

外形特征： 喙粗短呈黄色，脚黄绿色至黑色，眼先裸皮黄色，虹膜黄色。颈较短粗。繁殖期头颈部及背部具橙黄色的繁殖羽，虹膜短期内呈血红色，喙基和脚短期内呈粉红色。非繁殖期及幼鸟全身雪白。

生活习性： 一般成对或成小群活动。常与畜牧特别是牛群一起活动，喜栖息于沼泽地、水田、草地。飞行时颈部缩至背上，常呈直线低飞。通常不鸣叫，鸣叫时发出"呱呱"的叫声。喜跟随牛群后面或在牛背上觅食。一般在树上结群营巢，呈简易杯状。

食 性： 肉食，主要以昆虫、牛背上的寄生虫和其他小型动物为食。

保护级别： 国家"三有"保护动物 / 无危（IUCN）。

繁殖羽

非繁殖羽

苍鹭

英 文 名： Grey Heron
学 名： *Ardea cinerea*
别 名： 长脖老等、灰鹳、青庄
体 型： 大型鹭，体长 80 ~ 110 厘米。
外形特征： 喙黄绿色，腿偏黑，虹膜黄色。整体偏灰蓝色，眼先具黄色裸皮，嘴角延伸出一道细裂纹至眼后，前颈及胸部具黑色斑点和纵纹。繁殖期间其喙呈黄色或橙黄色，枕部具黑色短饰羽，腿呈淡粉色沾黑，背部蓝色更深。
生活习性： 成对或成小群活动。喜栖息于河流、湖泊、稻田等多种湿地环境。飞行时振翅缓慢，脖子缩起呈"Z"形，脚远远超出尾部。鸣声嘶哑似"嘎"，类似于鹅叫声。在浅水处捕食，边走边啄食，动作迅速灵活，有时为了等待食物可以站立数小时不动。巢建于树上或水域附近的水草丛中，喜营群巢，呈大型浅盘状或平台状。
食 性： 肉食，主要以鱼类、虾、昆虫为食，有时也捕食野兔、黄鼠狼等哺乳动物。
保护级别： 国家"三有"保护动物 / 安徽省二级保护野生动物 / 无危（IUCN）。

大白鹭

英 文 名: Great Egret
学　　名: *Ardea alba*
别　　名: 白鹭鸶、白漂鸟、大白鹤
体　　型: 大型鹭,体长 90 ~ 100 厘米。
外形特征: 喙黄色,端部颜色较深。颈长具 "S" 形结,似断裂。腿及脚呈黑色,虹膜黄色。全身呈白色,眼先具黄色裸皮,嘴角延伸出一道嘴裂至眼后方。繁殖期间喙黑色,眼先裸皮呈蓝绿色,肩部具蓑羽。
生活习性: 一般单独或成小群活动。喜栖息于开阔地区的湖泊、河流、水田、沼泽地等各种湿地环境。起飞时振翅缓慢而略显笨拙,脚悬垂朝下,飞到一定高度后脚伸直且脚远远超过身体尾部。鸣声为去声调,两声一顿且低沉急促。喜在浅水中边走边觅食,有时亦在草地上边走边啄食。多在湿地乔木上集群营巢,巢呈扁平平台状。
食　　性: 肉食,主要以昆虫、小鱼、蜥蜴等动物性食物为食。
保护级别: 国家 "三有" 保护动物 / 安徽省二级保护野生动物 / 无危(IUCN)。

中白鹭

英 文 名： Intermediate Egret
学　　名： *Ardea intermedia*
别　　名： 春锄、白鹭鸶
体　　型： 较大型鹭，体长 60 ~ 70 厘米。
外形特征： 喙较粗短，腿黑色，虹膜黄色，
　　　　　　眼先具黄色裸皮，嘴角延伸出
　　　　　　的裂纹不超过眼部。繁殖期喙
　　　　　　黑色，喙和脚短期内可能变成

粉红色，眼先裸皮呈绿色，背部及胸部具丝状羽。非繁殖期喙呈黄色
且喙尖黑色。颈部粗且长。全身雪白。
生活习性： 单独或成对活动，有时亦与其他鹭混群。常栖息于水塘、河流、湖泊
等水域中，亦在水田、沼泽地活动。飞行时颈部缩起呈 "S" 形，振
翅缓慢，沿直线飞行。通常不鸣叫，偶尔发出单音节、嘶哑的 "嘎"
声。喜在浅水区涉水觅食，亦在浅水区中站立不动，等待食物到来。
巢建于树上、灌丛上及地面上，呈圆盘状。
食　　性： 肉食，主要以鱼、虾、蛙、昆虫为食。
保护级别： 国家 "三有" 保护动物 / 安徽省二级保护野生动物 / 无危（IUCN）。

白鹭

英 文 名: Little Egret
学　　名: *Egretta garzetta*
别　　名: 小白鹭
体　　型: 中等体型,体长54～68厘米。
外形特征: 喙长呈黑色,腿黑色,趾黄
色,虹膜淡黄色。全身呈白
色,眼先具黄色裸皮,嘴角
延伸出一道细裂纹至眼下。
颈细长。繁殖期时下喙呈黄色,眼先裸皮呈淡粉色,枕部具细长饰羽,
前胸及后背具蓑状羽。
生活习性: 一般结群活动,多活动于稻田、溪流、湖泊等各类湿地。飞行时脖子
缩起呈"S"形,成群飞行时呈"V"形排列。鸣声嘶哑似"呱"声,
单调重复。喜成群分散觅食,觅食时有时一只脚站着不动,另一只脚
通过抖动以搅动水面。巢建于高大树上,与其他水鸟集群营巢,呈浅
盘状或碗状。
食　　性: 杂食,主要以小型鱼、虾为食。
保护级别: 国家"三有"保护动物/无危(IUCN)。

鸻（héng）形目 —— CHARADRIIFORMES

- 涉禽、游禽
- 翼尖长
- 听觉发达
- 形态多样

反嘴鹬 (yù)

英 文 名: Pied Avocet
学　　名: *Recurvirostra avosetta*
别　　名: 反嘴鸻、翘嘴娘子
体　　型: 中等涉禽,体长 40 ~ 45 厘米。
外形特征: 喙黑色,细长且上弯。脚黑色。
虹膜呈黑褐色。从眼部到头顶
及后颈处均为黑色,双翼与背
部相接处各有一条黑色纵纹,
下体为白色。整体黑白分明,飞行时可见翅尖为黑色,翼上有黑色斑块,
尾羽全白色。幼鸟外形与成鸟相似,深色部分毛色为棕褐色或灰色。
生活习性: 单独或成对活动,繁殖期成群。栖息于开阔水域如湖泊、沼泽。飞行
时常滑翔且振翅快。鸣声似笛音,清晰嘹亮。常觅食于浅水区域和沼
泽内。巢建于开阔平原上的湖泊岸边,为裸露的凹坑。
食　　性: 肉食,主要以水生昆虫、昆虫幼虫、蠕虫和软体动物等动物性食物为食。
保护级别: 国家"三有"保护动物 / 无危(IUCN)。

黑翅长脚鹬

英 文 名： Black-winged Stilt
学　　名： *Himantopus himantopus*
别　　名： 红腿娘子、高跷鹬
体　　型： 体型修长，体长 35 ～ 40 厘米。
外形特征： 喙细长呈黑色，腿浅红色，虹膜粉色。下体白色，上体背部具有黑色斑块，两翼黑色。繁殖期雌鸟头部白色，眼后有灰色斑状羽，雄鸟繁殖期前额为白色，头后部为黑色或白色杂有黑色斑块。雄鸟非繁殖羽与繁殖期雌鸟相似，头后有时还杂有灰色。非繁殖期雌雄鸟相似，但雌鸟头部为全白色，上体呈棕褐色。幼鸟上体为深褐色，头顶和颈后杂有灰色。
生活习性： 集群活动。栖息于开阔草地中的湖泊、浅水湖和沼泽地带，非繁殖期常出现在水域边浅滩地带。起飞快，飞行速度也较快。叫声多为一串悦耳的笛音。常在水域附近浅水处和沼泽地带或水边泥地上觅食，常边走边啄食或将嘴探入土中觅食。巢多建于水边浅滩或草地上，呈碟状。
食　　性： 肉食，主要以各类水生无脊椎动物、昆虫及昆虫幼虫、小鱼等动物性食物为食。
保护级别： 国家"三有"保护动物 / 安徽省二级保护野生动物 / 无危（IUCN）。

灰头麦鸡

英 文 名： Grey-headed Lapwing
学　　名： *Vanellus cinereus*
别　　名： 海和尚
体　　型： 大型麦鸡，体长 32 ~ 36 厘米。
外形特征： 喙为黄色且末端呈黑色，脚黄色，虹膜褐色。上体褐色，头部及胸口呈灰色。胸口灰褐色，止于胸前黑色横带，其间杂有黑色横纹，下体白色。翼尖、尾部末端有黑色横斑。非繁殖期头、颈多褐色，但两颊和喉部为白色，黑色胸带部分更加模糊。
生活习性： 常成对或集群活动。栖息于草地、湖边或河边、水塘以及农田地带，有时也出现在溪流两岸的水田或湿草地上。常发出一串尖锐的"啾"音。多涉水觅食。巢建于未受干扰的湿地或稻田中，巢为简单的凹坑。
食　　性： 杂食，主要以蚯蚓、昆虫、螺类等动物性食物为食，也吃植物的叶及种子。
保护级别： 国家"三有"保护动物 / 无危（IUCN）。

金眶（kuàng）鸻

英 文 名： Little Ringed Plover
学 名： *Charadrius dubius*
别 名： 黑领鸻
体 型： 小型鸻，体长 15 ～ 18 厘米。
外形特征： 喙短为灰色，腿呈黄色，虹膜为深褐色。繁殖期成鸟与非繁殖期成鸟外形相似，有棕色的背部和翅上覆羽，具明显的黄色眼圈，眼周有黑色面罩或一条深褐色的贯眼纹。胸前为黑色或棕褐色的全胸带。飞行时其翼上无白色横纹。
生活习性： 常单独或成对活动，偶尔集群活动。栖息于平原或丘陵地带的水域和周边沼泽地、草地，也出现于沿海地带。常发出清晰悠长的降调哨音。一般在水边沙滩上边走边觅食。巢建于水边沙地上，由亲鸟刨出一个凹坑即为巢。
食 性： 肉食，主要以昆虫和昆虫幼虫、蠕虫、蜘蛛或软体动物等小型动物性食物为食。
保护级别： 国家"三有"保护动物 / 无危（IUCN）。

环颈鸻

英 文 名： Kentish Plover
学　　名： *Charadrius alexandrinus*
别　　名： 白领鸻
体　　型： 小型鸻，体长 15 ~ 17 厘米，
　　　　　　雌鸟略小于雄鸟。

集群觅食

外形特征： 喙黑色，腿黑色，虹膜褐色。
　　　　　　上体浅棕色，下体白色。繁
　　　　　　殖期雄鸟头部有黑色条纹，
胸部两侧有黑色斑块，非繁殖期雄鸟上体黑色部分变为棕色。雌鸟头
部和胸两侧有棕至深棕色杂斑。幼鸟与雌鸟相似，但颜色更淡，且背
部羽毛边缘为浅黄色。

生活习性： 常单独或集群活动。栖息于沿海沙滩、沼泽、河口沙洲以及各内陆河
流、湖泊等水域岸边。遇惊扰时立刻起飞，常飞出一段距离后再落地
继续奔跑。鸣声多为一串重复的升调金属音。多在海滨沙滩或水边沙
地和泥地上活动、觅食。巢建于沙地或泥地上，通常是用一些贝壳、
圆石装饰的浅坑，较简陋。

食　　性： 肉食，主要以昆虫、小型甲壳类和蠕虫等动物性食物为食。
保护级别： 国家"三有"保护动物 / 无危（IUCN）。

彩鹬

英　文　名： Greater Painted-snipe
学　　　名： *Rostratula benghalensis*
别　　　名： 水画眉
体　　　型： 较小型鹬，体长 23 ~ 28 厘米，雌鸟大于雄鸟。
外形特征： 喙黄色，腿浅黄色，虹膜红色。雌成鸟头胸部呈栗红色，头顶具黄色纹路，眼周为白色且向颈后延伸，背部有白色"V"形纹，肩上有白色带状羽和白色下体相连。雄成鸟较雌成鸟体色更暗，眼斑为黄色，羽色分布与雌鸟相似，但上体覆有杂斑，且翼上覆羽密布黄色斑点。尾部短小。
生活习性： 单独或集小群活动。栖息于沼泽、河滩、水塘边的芦苇或草丛、水稻田中。飞行速度慢且飞行距离较短，飞行时腿喜悬垂，受惊时会潜伏不动直至被靠近才会突然惊飞。叫声多为连续且空灵的"呜"声。一般在晨昏和晚上觅食，喜在近水区的岸边寻食。巢多见于芦苇丛、水草丛等隐蔽地点，为碗状的浅坑。
食　　　性： 杂食，以蛙、蟹、虾、蚯蚓等动物性食物及谷物等植物性食物为食。
保护级别： 国家"三有"保护动物 / 安徽省一级保护野生动物 / 无危（IUCN）。

雄鸟

水雉

英 文 名：Pheasant-tailed Jacana
学　　名：*Hydrophasianus chirurgus*
别　　名：水凤凰、菱角鸟
体　　型：较大型鸻类，体长 39 ~ 58 厘米。
外形特征：喙为黄色，繁殖期为灰蓝色。脚浅棕色，繁殖期偏蓝色。虹膜呈黄色。非繁殖期时头顶、背部及胸呈灰褐色，头部、喉部及腹部呈白色。黑色纵纹自头顶向下延伸至颈侧与胸口相连，里面的后颈呈金黄色。飞行时白色翼明显。幼鸟背部和额头均为红棕色。
生活习性：单独或成群活动。栖息于挺水植物和漂浮植物生长茂盛的淡水湖泊、池塘和沼泽地带。巢建于大型浮草上，主要由草茎和草叶构成，呈盘状。
食　　性：杂食，以昆虫、虾、软体动物、甲壳类等动物性食物和水生植物为食。
保护级别：国家二级保护野生动物 / 无危（IUCN）。

幼鸟

成鸟

扇尾沙锥

英 文 名：Common Snipe
学　　名：*Gallinago gallinago*
别　　名：扇尾鹬、小沙锥、田鹬
体　　型：中等沙锥，体长 24 ~ 29 厘米。
外形特征：喙直且长，约为头长的 2 倍，为棕褐色，部分渐变为黄色。腿部为灰绿色。虹膜为黑褐色，有深色贯眼纹。头部羽毛杂有棕色和黑色斑点，且具有白色横纹。上体遍布黑色、白色与棕色斑块，背部羽缘为白色，形成大片鳞状纹。下体腹部淡白色，两胁及胸部覆有棕褐色纵纹。飞行时可见其翼下大面积为白色，双翼后边缘也为白色。尾羽收束时呈圆锥状，展开时似菱形。 幼鸟与成鸟外形相似，但翼上覆羽有白色羽缘。
生活习性：单独或集小群活动，迁徙时集大群。栖息于富有植物和灌丛的开阔沼泽和湿地环境。被干扰时常蹲下不动，直到干扰源接近才伴随一声惊叫飞出，作"锯齿"状飞行。鸣声为有节奏、重复的颤声，响亮嘈杂。觅食于浅水滩或沼泽地。巢多建于水域岸边或沼泽地上，为浅碗状的凹陷，隐蔽性强。
食　　性：杂食，主要以昆虫及昆虫幼虫、各类蜘蛛和软体动物为食，偶尔也吃鱼和杂草种子。
保护级别：国家"三有"保护动物 / 无危（IUCN）。

矶鹬

英 文 名： Common Sandpiper

学　　名： *Actitis hypoleucos*

别　　名： 普通鹬

体　　型： 较小型鹬，体长 16 ~ 22 厘米。

外形特征： 喙短呈浅黑色，腿部为灰绿色，虹膜为深褐色。胸侧具褐灰色斑块，与翅上深灰褐色覆羽围出肩上白色斑块。上体灰褐色，下体白色。飞羽末端近黑色，飞行时翼上具白色横纹，翼下具黑白色横纹。尾羽外缘具白色斑纹和黑白杂色横斑。

生活习性： 常单独或成对活动。栖息于平原或丘陵一带的水域沿岸，也出现于海岸、河口和附近沼泽湿地。鸣声为一串急促悦耳的笛音。常在湖泊及河边浅水处觅食，有时亦在草地和路边觅食。巢建于水岸边的沙滩草丛中，为浅碗状的地面凹坑。

食　　性： 肉食，主要以昆虫为食，也吃螺、蠕虫等无脊椎动物和小鱼等小型脊椎动物。

保护级别： 国家"三有"保护动物 / 无危（IUCN）。

白腰草鹬

英 文 名：Green Sandpiper
学　　名：*Tringa ochropus*
别　　名：绿鹬
体　　型：中型鹬，体长 21 ~ 24 厘米。
外形特征：喙为橄榄绿色，尖端过渡为黑色。腿部为橄榄绿色。虹膜呈黑色。眼
　　　　　先黑色，眼周为白色，与白色眉纹相接，眉纹不过眼。上体和前胸呈
　　　　　灰褐色，遍布白色斑点。下体为白色。翼下为黑色。尾部具黑色斑纹。
　　　　　繁殖期羽色更深，且头颈部和胸部具纵纹，飞行时白色腰部更明显。
生活习性：单独或成对活动，迁徙时集小群活动。栖息于山地或平原森林中的湖
　　　　　泊、河流、沼泽和水塘附近。不常起飞，遇干扰者多次接近后才会惊
　　　　　起飞行，速度极快。鸣声响亮。觅食于浅水水域。营巢于森林内河流、
　　　　　湖泊边或林间沼泽中，多沿用其他鸟类的旧巢。
食　　性：肉食，主要以昆虫、虾和蜘蛛等无脊椎动物为食，偶尔吃小鱼和谷物
　　　　　种子。
保护级别：国家"三有"保护动物 / 无危（IUCN）。

青脚鹬

英 文 名：Common Greenshank

学　　名：*Tringa nebularia*

别　　名：普通青脚鹬

体　　型：体型中等，体长 30 ~ 35 厘米。

外形特征：喙为灰色，较粗且微微上翘。腿修长，为橄榄绿色。虹膜呈黑色。上体头顶和颈后羽毛色浅，但遍布深灰色细纹，背部有一白色三角状长条。下体为白色。繁殖期头颈部的斑纹为黑色且变粗，上体遍布黑色斑点，向下蔓延至胸部和两肋处。翼下具有黑色细纹。尾部具黑色横纹，在飞行时更明显。

生活习性：单独或成对活动，迁徙常集小群活动。栖息于沼泽地带或水域边。飞行时脚向后伸出尾端。鸣声响亮吵闹，为"啾—啾"声。常觅食于滩涂，有时涉水较深至腹部。巢建于森林湖边、河边和苔原沼泽地带，呈浅凹状。

食　　性：肉食，主要以虾、蟹、小鱼和两栖动物为食。

保护级别：国家"三有"保护动物 / 无危（IUCN）。

灰翅浮鸥

英 文 名：Whiskered Tern
学　　名：*Chlidonias hybrida*
别　　名：须浮鸥
体　　型：较小型燕鸥，体长 23 ~ 28 厘米。
外形特征：喙繁殖期为红色，非繁殖期成鸟
　　　　　为黑色。腿呈红色。虹膜为黑褐
　　　　　色。繁殖期下体为灰色，上体浅
　　　　　灰色，头顶至眼后为黑色，飞行

捕食

　　　　　时可见腹部为深灰色。非繁殖期成鸟前额部白色，颈后有白色纵纹。
　　　　　幼鸟与非繁殖期成鸟相似，但上体呈深褐色且具有棕褐色宽横斑，飞
　　　　　行时可见翅膀和尾部下方覆羽具有深色斑点。尾部开叉较浅。
生活习性：集群活动。栖息于开阔的水域如湖泊、水库、海岸或附近的沼泽地带，
　　　　　常在水面上空盘旋，飞行速度快，有时会振翅悬停在水面上空觅食。
　　　　　叫声沙哑断续，音调此起彼伏。主要在水面或沼泽地上觅食。巢建于
　　　　　开阔的浅水湖和周边的沼泽上，为浮巢。
食　　性：肉食，主要以鱼类、水生昆虫、虾等水生动物为食，有时也吃一些水
　　　　　生植物。
保护级别：国家"三有"保护动物 / 无危（IUCN）。

白翅浮鸥

英 文 名：White-winged Tern

学　　名：*Chlidonias leucopterus*

别　　名：白翅黑海燕

体　　型：小型燕鸥，体长 20 ～ 25 厘米。

外形特征：喙繁殖期为红色，非繁殖期呈黑色。腿橙红色。虹膜深褐色。繁殖期的成鸟上体和胸部为黑色，翼为浅灰色，飞行时可见黑色翼下覆羽，尾部开叉浅，尾羽为白色。非繁殖期的成鸟上体灰色、下体白色，头顶有深灰色杂斑，与眼后黑色带状斑相连，眼下与喉部为白色杂有黑斑。幼鸟与非繁殖期成鸟相似，但上体为深灰色。

生活习性：集群活动，栖息于河流、湖泊、沼泽等环境。常低空飞行。叫声为重复且尖厉的混响"嘎"音。觅食时会停在半空观察，发现猎物后立刻俯冲捕食。巢建于沼泽或湖泊中死亡的水生植物上，主要用水草和芦苇堆成，为浮巢。

食　　性：肉食，主要以小鱼、虾等水生动物或蝗虫等昆虫为食。

保护级别：国家"三有"保护动物 / 无危（IUCN）。

鸮（xiāo）形目 —— STRIGIFORMES

- 多夜行性
- 喙强壮具钩曲
- 双目圆大，视觉发达
- 听觉发达
- 腿短但强健
- 爪锋利

斑头鸺鹠（xiū liú）

英 文 名： Asian Barred Owlet

学　　名： *Glaucidium cuculoides*

别　　名： 小猫头鹰、横纹鸺鹠

体　　型： 小型鸮，体长 22 ~ 26 厘米。

外形特征： 喙绿色，端部黄色。腿黄色，爪黑色。虹膜黄色。上体呈棕褐色，具白色细纹横斑，头部白色横纹更细，眼部上方具白色眉纹。下体呈褐色沾白，胸部具清晰横纹斑，下腹呈白色，具模糊纵纹。尾部偏长呈褐色，具 6 条明显的白色横斑。

生活习性： 常单独或成对活动，喜栖息于平原、中山地带的森林、村庄、农田等多种生境。常作波浪状飞行。一般在晨昏鸣叫，鸣声为一连串音量逐渐升高的颤音，有时亦发出尖锐嘹亮的爆破音来宣示领地主权。全天性活动，一般在白天觅食。巢建于天然洞穴或树洞中。

食　　性： 肉食，主要以昆虫、鼠类、小鸟为食。

保护级别： 国家二级保护野生动物 / 无危（IUCN）。

鹰形目 — ACCIPITRIFORMES

- 喙强壮具钩曲
- 爪锋利强劲
- 视觉十分敏锐
- 昼行性

黑翅鸢（yuān）

英 文 名：Black-shouldered Kite
学　　名：*Elanus caeruleus*
别　　名：黑肩鸢、灰鹞子
体　　型：小型鸢，体长 30 ~ 37 厘米，
　　　　　翼展 77 ~ 92 厘米。

成鸟

外形特征：喙黑色。跗跖黄色，爪黑色。
　　　　　蜡膜黄色。成鸟虹膜红色，
　　　　　亚成鸟虹膜黄褐色。眼先
具须毛和黑斑。上体主要呈灰蓝色，头部灰色，上背偏蓝色，肩上覆
羽呈黑色，下体呈白色。飞行时可见翼下白色覆羽及黑色飞羽，与上
翼的黑色覆羽和灰色飞羽对比明显。尾下覆羽白色，尾基部呈灰色。
亚成鸟似成鸟但头部及下体沾橙色，上体羽缘白色。

生活习性：一般单独活动，成分散的小群生活。偏好在草原、田野等矮草开阔地
活动，常在电线或树上单独停栖。喜翱翔、盘旋，飞行时常将翅膀弓
成"V"形在空中滑翔，有时亦振翅飞翔。通常不鸣叫，鸣声为低沉
嘶哑的连续叫声或尖细嘹亮的哨音。善于在空中振翅悬停觅食，常在
晨昏活动。巢建于平原或山地丘陵的高大树木上，呈浅盘状或平台状。

食　　性：肉食，主要以鼠类、野兔、小鸟、昆虫为食。

保护级别：国家二级保护野生动物 / 无危（IUCN）。

亚成鸟

蛇雕

英 文 名：Crested Serpent Eagle
学　　名：*Spilornis cheela*
别　　名：大冠鹫、白腹蛇雕、吃蛇鸟
体　　型：中型雕，体长 50 ~ 75 厘米，翼展 109 ~ 169 厘米。
外形特征：喙灰褐色。蜡膜黄色。脚黄色，爪黑色。虹膜黄色。上体呈深褐色或灰色，头顶黑色，成鸟枕部具短宽蓬松的黑白相间的冠羽，眼先具黄色裸皮。下体呈灰皮黄色或棕褐色，腹部具丰富的白色斑点。未成年鸟似成鸟，但下体褐色偏多且多白色。飞羽黑色，翼指6 枚，飞行时翼缘和尾部宽斑均呈白色。尾短，具宽大的黑白条纹。
生活习性：单独或成对活动，晴天随上升热气流旋至空中翱翔。偏好活动于次生或部分开放的森林、空地、林缘，常在高空翱翔和盘旋。喜鸣叫，鸣声响亮尖锐。捕食时主要采用静立观察与低空滑翔结合，依靠制高点俯冲或地面追捕，用强健脚爪精准控制猎物头部。主要在森林的高树顶端枝杈上筑巢，巢呈大型浅盘状或平台状，雌雄亲鸟共同育雏。
食　　性：肉食，主要以蛇类为食。
保护级别：国家二级保护野生动物 / 无危（IUCN）。

林雕

英 文 名： Black Eagle
学　　名： *Ictinaetus malaiensis*
别　　名： 树鹰、黑雕
体　　型： 中型猛禽、大型雕，体长
　　　　　　67 ～ 81 厘米。
外形特征： 喙黑色，喙基部灰色。跗跖
　　　　　　黑色，趾黄色，爪较长具钩
　　　　　　呈黑色。蜡膜黄色。虹膜黄

褐色。通体呈黑褐色，头部、翼下覆羽、尾部颜色较深，翼下具白
斑。停歇时翼尖超过尾部。飞行时两翼平直且长，从基部逐渐变宽，
具 7 枚翼指。胫上被毛，尾部长具黑色横纹。亚成鸟色浅，胸部具褐
色纵纹。
生活习性： 一般成对活动。栖息于森林，偏好中低山地区的混交林和阔叶林。飞
　　　　　　行时一般不振翅，常在空中低飞盘旋或滑翔，振翅缓慢，飞行平稳。
　　　　　　能在森林中灵活利用其飞行技巧捕捉猎物。巢建于高大乔木上部，呈
　　　　　　大型平台状。
食　　性： 肉食，主要以鼠类、蛇类、小鸟、大型昆虫为食。
保护等级： 国家二级保护野生动物 / 无危（IUCN）。

凤头鹰

英 文 名： Crested Goshawk
学　　名： *Accipiter trivirgatus*
别　　名： 凤头苍鹰、粉鸟鹰、凤头雀鹰
体　　型： 大型鹰，体长 40 ~ 48 厘米，
雌鸟大于雄鸟。

外形特征： 喙黑色。蜡膜黄色。脚黄色，
爪黑褐色。虹膜褐色至黄绿色。
上体暗褐色，头顶至后枕黑灰色，具凤头状冠羽，喉部中央有黑色纵纹。
下体白色，有橙褐色条纹，腹部和肋部具棕栗色横斑。雌鸟和未成年
鸟上体褐色较淡，下体纵纹和横斑均为褐色。两翼具白斑，翼指 6 枚，
飞行时翅短圆，翼下飞羽具宽阔的黑色横带。尾基部两侧具蓬松的白
色羽簇。

生活习性： 飞行时展现"拍翅慢、直滑翔"的特征，盘旋时双翼喜下压或抖动。
栖于有密林覆盖处，偶尔在山脚平原和村庄附近活动。鸣声较为沉寂。
一般依靠爆发力短距离冲刺捕捉猎物。巢建于针叶林或阔叶林高大的
树上，呈平台状。

食　　性： 肉食，主要捕食蛙类、蜥蜴、鼠类、昆虫、鸟类和小型哺乳动物。

保护级别： 国家二级保护野生动物 / 无危（IUCN）。

赤腹鹰

英 文 名: Chinese Goshawk
学 名: *Accipiter soloensis*
别 名: 鸽子鹰、鹅鹰、鹰芒子
体 型: 中型鹰、小型猛禽,体长 25 ~ 35 厘米,翼展 52 ~ 62 厘米,雌鸟比雄鸟稍大。
形态特征: 喙灰色,蜡膜橙色,脚、趾橘黄色,雄鸟虹膜红色或褐色,鼻孔上方有橙黄色斑点。雄成鸟上体浅蓝灰色,背部羽端略带白色。下体白色略泛淡橙色,胸和两肋略偏粉色,两肋具浅黑色横纹。雌鸟颜色更深,腹部橙色更明显,眼睛颜色比雄鸟浅。未成年鸟上体呈深褐色,下体白色具条纹,胸部和腿部具褐色横斑。飞行时翼尖黑色鲜明,翼指4枚。外侧尾羽具不明显的黑色横斑。
生活习性: 喜靠近稻田或湿地环境,栖息于山地森林、林缘地带以及低山丘陵的小块丛林。捕猎时常从栖木上俯视,动作迅速,偶尔悬停。仅在繁殖季节鸣叫。巢建于树上,呈平台状,有时占用喜鹊的旧巢。
食 性: 肉食,主要捕食蛙类、蜥蜴、大型昆虫和小型鸟类。
保护级别: 国家二级保护野生动物 / 无危(IUCN)。

雄鸟

日本松雀鹰

英 文 名： Japanese Sparrow Hawk
学　　名： *Accipiter gularis*
别　　名： 日本鹰
体　　型： 小型鹰，体长 23 ~ 30 厘米，翼展 46 ~ 58 厘米，雌鸟大于雄鸟。
外形特征： 喙蓝黑色，喙端黑色。跗跖和趾黄绿色，爪黑色。蜡膜黄绿色，成鸟虹膜红色，亚成鸟虹膜黄色。头部灰黑色。雄成鸟喉中线不明显，上体深灰色，胸部偏棕色，腹部密布红褐色横纹。雌鸟喉中线较淡，下体横纹颜色较淡。亚成鸟喉中线清晰，上胸部具纵纹。翼较窄，翼指5 枚，翼后缘具圆突。尾部具黑色横纹，略内凹。
生活习性： 一般单独活动，多栖息于山地森林，亦在疏林地带活动。飞行时鼓翅迅速，善滑翔。鸣声为一串尖锐的降调哨音，发音似"啾"。喜在开阔地带觅食。巢建于树上靠近树干处，呈盘状或皿状。
食　　性： 肉食，主要以小型雀形目鸟类为食。
保护级别： 国家二级保护野生动物 / 无危（IUCN）。

亚成鸟

松雀鹰

英 文 名： Besra
学　　名： *Accipiter virgatus*
别　　名： 松子鹰、雀贼、雀鹞
体　　型： 中型鹰，体长 28 ～ 36 厘米。
外形特征： 喙黑色。跗跖和趾黄色，爪黑色。蜡膜
　　　　　　黄色。虹膜橙黄色。雄成鸟上体深灰色，
　　　　　　脸灰色，喉部白色具黑色喉中线，下体
　　　　　　白色具棕黑色横斑，两肋棕色具橙色横
　　　　　　斑，尾部灰色具黑色横斑。雌成鸟上体
　　　　　　色较浅呈褐色，下体白色具褐色横斑，
　　　　　　两肋呈淡棕色，尾部棕色具黑色横斑。
　　　　　　亚成鸟胸部有棕黑色纵纹。
生活习性： 多单独活动，一般栖息于山地针叶林、阔叶林、混交林等森林内部。
　　　　　　飞行时经常变换飞行方向或多俯冲，一般不在空中盘旋，盘旋时双翼
　　　　　　呈水平状且振翅频率较高以作短距离滑翔。喜鸣叫，鸣声为一连串降
　　　　　　调尖锐的哨音。多在森林内部觅食，领域性强。巢建于高大乔木上，
　　　　　　呈皿状。
食　　性： 肉食，主要以鼠类、小鸟、昆虫为食。
保护级别： 国家二级保护野生动物 / 无危（IUCN）。

白腹鹞（yào）

英 文 名： Eastern Marsh Harrier

学　　名： *Circus spilonotus*

别　　名： 泽鹞

体　　型： 中型鹞，体长 48 ～ 58 厘米，翼展 119 ～ 145 厘米。

外形特征： 喙灰色。跗跖和趾黄色，爪黑色。蜡膜黄色。雄鸟虹膜黄色，雌鸟及幼鸟虹膜浅褐色。分为大陆型和日本型。大陆型雄成鸟头部黑色或灰色，颈部至上背分别为黑色和灰褐色，喉至胸部具纵纹，腹部白色。雌成鸟整体黄褐色，下体密布纵纹，腰淡褐色，尾羽黑褐色具横带。幼鸟头颈部、部分胸部、翼前缘白色，下体纵纹不明显。日本型雄成鸟与大陆型雌成鸟相似，但其腰偏白色。雌鸟通体深褐色，尾羽无深色横带。未成年鸟头部白色偏多。

生活习性： 一般单独或成对活动，偏好活动于芦苇地或多草沼泽地，栖息于开阔地带，停栖于地面、矮土堆等低处。喜低飞，常滑翔，偶尔在空中悬停。鸣声一般为尖锐嘹亮的哨音。通过低空滑翔觅食，一般在地面袭击猎物。巢多建于芦苇丛中，呈浅盘状或平台状。

食　　性： 肉食，主要以小型陆栖动物为食。

保护级别： 国家二级保护野生动物 / 无危（IUCN）。

黑鸢

英 文 名: Black Kite
学 名: *Milvus migrans*
别 名: 老鹰
体 型: 中型猛禽,体长 55 ~ 65 厘米,雄鸟略小于雌鸟。

外形特征: 喙黑色,蜡膜黄色,腿黄色,虹膜暗褐色,爪黑色。上体呈暗褐色,头颈颜色较淡,眼后有明显的暗斑。下体棕色较淡,具斑驳感的深色条纹。未成年鸟头部和下体具皮黄色纵纹。翼尖近黑色,翼指 6 枚,飞行时与初级飞羽基部的浅色斑对比明显且双翼下方具一对醒目白色翅窗。尾部较长,略分叉。

生活习性: 白天活动,独行或呈"鹰柱"小群飞翔,善于借助热气流升空盘旋。喜开阔的城镇和村庄,栖息于开阔平原、草地、低山丘陵地带,也常在城市周边、农田、湖泊附近活动,偶尔在高山森林边缘活动。叫声独特,尖厉似哨声,带有一连串快速的嘶鸣。在高大树上和悬崖峭壁上建巢,巢多呈浅盘状或平台状,雌雄亲鸟共同育雏。

食 性: 肉食,主要以小型哺乳动物、鸟类、爬行动物和昆虫为食。

保护级别: 国家二级保护野生动物 / 无危(IUCN)。

普通鵟（kuáng）

英 文 名： Eastern Buzzard
学　　名： *Buteo japonicus*
别　　名： 鸡母鹞、土豹子
体　　型： 较大型鵟，体长 50 ~ 60 厘米，翼展 122 ~ 137 厘米。
外形特征： 喙灰，端部黑色。脚黄色。蜡膜黄色。虹膜黄色至褐色。体色变化较大，分为淡色型、棕色型和暗色型。脸部具栗色细纹和髭纹，鼻孔与嘴裂平行。上体主要为暗褐色，下体具淡褐色或暗褐色斑纹。飞行时见其翼宽且圆，初级飞羽基部具白斑，具 5 枚黑色翼指，翼下大部分为淡黄色。尾羽短圆。
生活习性： 一般单独活动，栖息于山脚平原、草原、山地森林，在高处停栖。善飞行，翱翔时翅呈浅"V"形，尾羽呈扇形张开。鸣声为尖锐响亮的拖长"咪"声。常在空中飞翔观察，发现猎物后俯冲用爪捕食。巢多建于森林或林缘中高大树木的树冠层上，呈碗状或平台状，亦营巢于悬崖或侵占乌鸦的巢。
食　　性： 肉食，主要以各种鼠类为食。
保护级别： 国家二级保护野生动物 / 无危（IUCN）。

犀鸟目 —— BUCEROTIFORMES

- 攀禽
- 喙长且弯
- 对趾足
- 具发达羽冠或盔突

戴胜

英 文 名： Eurasian Hoopoe
学 名： *Upupa epops*
别 名： 臭咕咕、花蒲扇、山和尚
体 型： 中型鸟类，体长 25 ~ 31 厘米。
外形特征： 喙尖长且下弯，呈黑色，喙基偏粉色。脚黑色。虹膜褐色。头部棕黄色，具发达的棕黄色扇形羽冠，端部黑色，颊部色深。颈部及上背呈棕黄色，腰白色。下体棕黄色，胫和臀部呈白色。两翼黑色具不完全白色扇形斑，初级飞羽白色斑块较粗。尾部黑色，中央具白色横带。
生活习性： 一般单独或成对活动，常栖息于园林、田园，适应于农田、果园、山地、石滩等多种生境。喜时上时下呈波浪式飞行，常边飞边鸣。鸣声多为紧凑空灵的"呼呼呼"声，似箫音。一般在开阔潮湿地面边走边觅食，觅食时用喙翻掘食物，寻到食物后先将其抛入空中再张嘴吞入。巢多建于树洞中，有臭味。
食 性： 食虫，主要以昆虫为食。
保护级别： 国家"三有"保护动物 / 无危（IUCN）。

- 攀禽
- 喙多变
- 对趾足
- 杂食性
- 多营巢于树洞

三宝鸟

英 文 名： Oriental Dollarbird

学　　名： *Eurystomus orientalis*

别　　名： 东方宽嘴转鸟、阔嘴鸟、老鸹翠

体　　型： 中型佛法僧，体长 26 ~ 32 厘米。

外形特征： 喙红色，端部黑色。跗跖和趾红色，爪黑色。虹膜褐色。头颈部黑色。整体石青色，喉部亮蓝色。初级飞羽黑色，飞行时见其翼下具一对亮斑。尾部近黑色。

生活习性： 常单独或成对活动，多活动于林缘开阔环境，喜栖息于平原林地或山地中。飞行缓慢笨重，上下均匀摆动双翅。鸣声多为单音节重复的沙哑"咔"声。觅食时常在空中作无规则盘旋，偶尔俯冲捕捉地上食物。巢一般建于天然树洞中。

食　　性： 食虫。

保护级别： 国家"三有"保护动物 / 安徽省一级保护野生动物 / 无危（IUCN）。

普通翠鸟

英 文 名: Common Kingfisher
学 名: *Alcedo atthis*
别 名: 翠鸟、钓鱼郎、小翠
体 型: 小型翠鸟,体长 15 ~ 17 厘米。
外形特征: 雄鸟喙黑色,雌鸟上喙黑色而下喙橘黄色。跗跖和趾橘黄色,爪黑色。虹膜褐色。头部暗绿色,密布蓝色斑点,具黑色眼

吃鱼

纹,眼先有白斑呈橘黄色,耳羽橘黄色,颈侧具白色带斑。上体蓝荧色。颏部至喉部白色,下体橘黄色。两翼暗绿色具蓝荧色斑点。尾部荧蓝色。幼鸟与成鸟相似但体色较暗淡,背部偏绿色且腹部色较浅。
生活习性: 单独或成对活动,常栖息于湖泊、河流、池塘等湿地环境。飞行迅速,喜贴近水面滑飞。鸣声多为短促高频的金属"啧"音。常在近水处树枝、岩石上观察水面,发现猎物后立即俯冲捕食。巢建于泥崖或沙堤,用喙挖掘隧道式洞穴。
食 性: 肉食,主要以鱼、虾为食。
保护级别: 国家"三有"保护动物 / 安徽省二级保护野生动物 / 无危(IUCN)。

雌鸟

雄鸟

斑鱼狗

英 文 名：Pied Kingfisher
学　　名：*Ceryle rudis*
别　　名：花斑钓鱼郎
体　　型：中型鱼狗，体长 27 ～ 30 厘米。
外形特征：喙黑色，脚黑色，虹膜褐色。
头部黑白相间，具白色眉纹和
黑色粗贯眼纹且延伸至枕部，
冠羽黑色。上体黑色，密布白
色斑点。下体白色，上胸部两
侧具黑色块斑，两肋略带黑色
斑点，雄鸟胸部具黑色胸带。
两翼黑白色斑驳，初级飞羽黑
色。尾部黑色，尾羽末端白色。

生活习性：一般成对集小群活动，多活动
于红树林和较大水体中，栖息于低山湖泊、溪流等地。鸣声多为清脆
重复的短促颤音。一般在水面上觅食，在水面悬停观察猎物，发现目
标后迅速俯冲扎入水中。巢建于水边土堤上，自己挖巢。
食　　性：肉食，主要以鱼类为食。
保护级别：国家"三有"保护动物 / 安徽省二级保护野生动物 / 无危（IUCN）。

白胸翡翠

英 文 名： White-throated Kingfisher
学　　名： *Halcyon smyrnensis*
别　　名： 白喉翡翠
体　　型： 较大型翡翠，体长 26 ~ 29 厘米。
外形特征： 喙暗红色。跗跖和趾红色，爪黑色。
虹膜暗褐色。头部及后颈部褐色。
上体辉蓝色。颏部至前胸白色，
下体余部呈褐色。两翼辉蓝色，
中部翼上覆羽黑色，翼端黑色，
飞行时见其翼上具白斑。尾部辉蓝色。
生活习性： 一般单独活动，多活动于水库、池塘、湖泊岸边等近水区域，常停栖
于水边的树枝和电线、石头上。呈直线飞行，飞行速度快。喜边飞边
鸣，鸣声常为一串降调清脆的颤音。常在河流、池塘等水域附近捕食，
先在水边观察，发现食物后迅速直飞捕捉。巢建于河流堤坝或土崖壁
上，用嘴掘成隧道状。
食　　性： 肉食，主要以无脊椎动物为食。
保护级别： 国家二级保护野生动物 / 无危（IUCN）。

啄木鸟目 —— PICIFORMES

- 攀禽
- 喙大多坚硬，呈凿形
- 对趾足
- 多营巢于树洞

大拟啄木鸟

英 文 名： Great Barbet
学　　名： *Psilopogon virens*
别　　名： 绿拟啄木鸟
体　　型： 大型拟啄木鸟，体长 30 ～ 35 厘米。
外形特征： 喙大而厚呈黄色，喙前端黑色。脚黄绿色。虹膜褐色。头颈部及喉部呈暗蓝色。背、肩部呈暗绿褐色，其余上体草绿色。上胸部呈暗褐色，腹部黄绿色且具宽阔的绿色或蓝绿色纵纹。尾部绿色，尾下覆羽为鲜红色。
生活习性： 常单独或成对活动，在食物丰富的地方有时集群活动。常栖于高树顶部，能站在树枝上左右移动。鸣声为悠扬洪亮的变调笛音。多在树枝间觅食。巢多建于山地森林中，成对营巢于天然树洞或自己凿洞为巢。
食　　性： 杂食，主要以各类果实以及其他植物的花和种子为食，也吃各种昆虫。
保护级别： 国家"三有"保护动物 / 安徽省一级保护野生动物 / 无危（IUCN）。

斑姬啄木鸟

英 文 名： Speckled Piculet

学　　名： *Picumnus innominatus*

别　　名： 姬啄木鸟、小啄木鸟

体　　型： 小型啄木鸟，体长 9 ~ 10 厘米。

外形特征： 喙近黑，脚为灰色，虹膜红色。上体橄榄色，下体白色但密布黑斑，脸部和尾部都覆有黑白色横纹，过眼有一条宽黑条纹，边缘白色。雄鸟前额橘黄色或黄色，内有黑色斑点，眼周一圈为浅黄色。雌鸟与雄鸟大体相似，但雌鸟前额呈橄榄绿色，幼鸟与雌鸟相似，但整体羽色偏暗，喙色浅。

生活习性： 单独或成对活动。栖息于热带低海拔山区混合林的枯树或树枝上，尤其喜欢竹林。觅食时持续发出轻微的叩击声。鸣声为反复的尖厉金属声，警戒时则发出与拨浪鼓相似的声音。喜在灌木丛或树干倒挂觅食。巢多建于枯枝或小树上，为小型的巢洞。

食　　性： 食虫，主要以昆虫及其幼虫为食，也吃蜘蛛及其卵。

保护级别： 国家"三有"保护动物 / 安徽省一级保护野生动物 / 无危（IUCN）。

灰头绿啄木鸟

英 文 名： Grey-faced Woodpecker
学　　名： *Picus canus*
别　　名： 山啄木、火老鸦、黑枕绿啄木鸟
体　　型： 中等啄木鸟，体长 26 ~ 31 厘米。
外形特征： 喙短而接近灰色，雌鸟喙较雄鸟更加短而钝，脚为蓝灰色，虹膜呈深红色。雄鸟前额顶为红色，眼先及颊纹为黑色。下体灰色，尾黑色。雌鸟顶冠灰色而无红斑。雄性幼鸟前额处红色，具近圆形斑且边缘为黄色。头顶灰绿色且具浅黑色斑，侧颈至后颈暗灰色，下体呈灰白色并杂以浅黑色斑点和横斑。
生活习性： 常单独或成对活动。主要栖息于低山阔叶林和混交林，也出现于次生林和林缘地带。飞行迅速，呈波浪式前进。鸣声多为一串清晰的哨音，降调，尾音稍缓。常在树干的中下部觅食。巢建于树洞中，雌雄亲鸟共同育雏。
食　　性： 食虫，主要以蚂蚁、小蠹虫、天牛幼虫等各类昆虫为食，偶尔也吃植物果实和种子。
保护级别： 国家"三有"保护动物 / 安徽省一级保护野生动物 / 无危（IUCN）。

星头啄木鸟

英 文 名： Grey-capped Woodpecker
学　　名： *Picoides canicapillus*
别　　名： 北啄木鸟、红星啄木鸟
体　　型： 小型啄木鸟，体长 14 ~ 17 厘米。
外形特征： 喙为黑色且笔直，脚为绿灰色，虹膜呈淡褐色。雄鸟眼后上方具红色斑纹，头顶灰色，两侧为黑色，两颊为白色。在耳羽的下方两颊边缘处有深棕色带，一直向下连接至颈侧。上体黑色，腹部有深棕色纵纹，下体为灰白色。雌鸟眼后上方无红斑。
生活习性： 常单独活动，栖息于各种森林、林地和灌丛中。鸣声为一串尖厉且清脆的颤音。觅食时偏好树冠和幼树，也常在枯枝中寻找食物。巢常建于树洞中。
食　　性： 食虫，主要以昆虫、植物果实或种子为食。
保护级别： 国家"三有"保护动物 / 安徽省一级保护野生动物 / 无危（IUCN）。

大斑啄木鸟

英 文 名： Great Spotted Woodpecker
学　　名： *Dendrocopos major*
别　　名： 花奔得儿木、白花啄木鸟、啄
　　　　　　木冠
体　　型： 中型啄木鸟，体长 20 ~ 25 厘米。
外形特征： 喙为灰色，脚为灰色，虹膜近
　　　　　　红色。雄鸟颈背部呈红色，而
　　　　　　雌鸟没有。雌雄臀部均为红色，
下体白色，白色的胸部有黑色纵纹。幼鸟整个头顶暗红色，上体棕褐
色，下体浅褐色，头部红色不如成鸟鲜明。
生活习性： 常单独行动，多栖息于森林、城市园林。鸣声常为单音节的短促哨音，
有时伴有响亮的啄木声。在树上觅食。巢建于树洞中，雌雄亲鸟共同
营巢。
食　　性： 食虫，主要以各种昆虫和植物的种子为食。
保护级别： 国家"三有"保护动物 / 安徽省一级保护野生动物 / 无危（IUCN）。

隼（sǔn）形目 —— FALCONIFORMES

- 昼行性
- 猛禽
- 喙强壮具带钩
- 视力发达
- 尾长

红隼

英 文 名： Common Kestrel
学　　名： *Falco tinnunculus*
别　　名： 茶隼、红鹰、红鹞子
体　　型： 小型猛禽，体长 31 ~ 38 厘米，雌鸟略大于雄鸟。

外形特征： 喙黑色，基部银灰色。腿黄色，爪黑色。蜡膜黄色，虹膜褐色，眼下具一黑色髭纹。翼黑色，飞行时与上体对比明显，翼下密布斑点。雄鸟头部银灰色，喉部淡橙色。上体淡橙色，密布黑色小斑点。胸部白色具黑色不连续细纵纹，腹部淡橙色，尾部灰色且无横斑。雌鸟头部褐色，上体红褐色且密布较大的三角形黑斑，下体呈皮黄色，胸部具多条黑色细纵纹，尾较平且具多条黑色横斑。

生活习性： 常单独活动，喜在高大树上或电线杆上栖息，活动于山地森林、低山丘陵、草原等旷野地区，亦在农田、村落、城市出现。喜逆风飞翔，振翅速度快，有时通过快速振翅在空中悬停。白天拥有发达的视力，一旦发现地面上的食物就迅速俯冲捕食，亦可在空中捕食。鸣声为一连串尖锐刺耳的叫声。通常利用乌鸦的旧巢营巢，有时亦将巢建于悬崖峭壁、土洞中。

食　　性： 肉食，主要以昆虫、鸟类、蛙类、鼠类为食。

保护级别： 国家二级保护野生动物 / 无危（IUCN）。

雌鸟

燕隼

英 文 名: Hobby

学　　名: *Falco subbuteo*

别　　名: 儿隼、蚂蚱鹰、青尖

体　　型: 小型隼,体长 29 ~ 35 厘米,雌鸟大于雄鸟。

外形特征: 喙灰黑色。跗跖和趾黄色,爪黑色。蜡膜黄色,虹膜褐色。头部灰黑色,具白色细小眉纹,眼圈黄色,脸部具向下的黑色髭纹和白色弯月斑。上体深灰色,羽缘白色。喉白色,下体白色且密布不连续的黑色纵纹,尾下覆羽和臀部橙色。两翼及尾灰黑色,折合翅膀时翼尖近乎到达尾羽端部,尾部具黑色横纹。雌鸟身体偏褐色,尾下覆羽具较多细纹。亚成鸟尾下覆羽橙色较淡。

生活习性: 一般单独或成对活动,多栖息于树木稀疏的开阔平原、旷野、耕地、林缘地带和海岸,喜在电线杆和高大树木顶上停息。飞行迅速敏捷,一般经短暂鼓翅后再滑翔,在空中作短暂悬停。鸣声为尖细响亮的哨音。多在林缘、沼泽地、田间上空飞行捕食,有时亦在地上觅食。不喜营巢,一般侵占乌鸦和喜鹊的巢,巢多建于田间、林缘的高大乔木上,雌雄亲鸟共同育雏。

食　　性: 肉食,主要以小鸟、昆虫为食。

保护级别: 国家二级保护野生动物 / 无危(IUCN)。

雀形目 —

PASSERIFORMES

- 昼行性
- 鸣禽
- 喙多样
- 巢精巧

黑枕黄鹂

英 文 名： Black-naped Oriole

学　　名： *Oriolus chinensis*

别　　名： 黄莺、黄鹂、金衣公子

体　　型： 中型鹂，体长 23 ~ 28 厘米。

外形特征： 喙粉红色，脚近黑色，虹膜红色。雄鸟头部亮黄色，具黑色粗贯眼纹。身体亮黄色，两翼及尾部黑色沾黄，翼缘白色。雌鸟与雄鸟相似但体色较暗淡，上体偏橄榄绿色。亚成鸟下体具黑色纵纹。

生活习性： 一般单独或成对活动，活动于开阔树林、农田、低山、丘陵，栖息于多种森林环境中。呈波浪式飞行。鸣声多为嘶哑的猫叫声，鸣唱为婉转多变的哨音。喜在树冠层观察，发现食物后迅速捕食。巢多建于树梢的水平枝上，呈吊篮状，雌雄亲鸟共同育雏。

食　　性： 食虫，主要以昆虫为食。

保护级别： 国家"三有"保护动物 / 安徽省一级保护野生动物 / 无危（IUCN）。

小灰山椒鸟

英 文 名: Swinhoe's Minivet
学　　名: *Pericrocotus cantonensis*
别　　名: 斯氏山椒鸟
体　　型: 小型山椒鸟,体长 18 ~ 19 厘米。
外形特征: 喙黑色,脚黑色,虹膜褐色。头部黑色,前额白色延伸至眼后,具黑色贯眼纹。雄鸟上体黑褐色,腰偏褐色,下体灰色沾褐,尾黑色且外侧尾羽白色。雌鸟似雄鸟,但身体褐色更浓。
生活习性: 喜集群活动,常栖息于阔叶林区,多停息于电线、树端等显眼位置。喜在树林上空飞行。鸣声为一串尖细清脆的颤音。多在树冠层中觅食。巢一般建于高大树木的侧枝上,呈碗状。
食　　性: 食虫。
保护级别: 国家"三有"保护动物 / 无危(IUCN)。

暗灰鹃鵙 (jú)

英 文 名: Black-winged Cuckooshrike
学 名: *Lalage melaschistos*
别 名: 黑翅山椒鸟、平尾龙眼燕
体 型: 中型鹃鵙,体长 20 ～ 24 厘米。
外形特征: 喙黑色,脚蓝灰色,虹膜红褐色。
眼先黑色, 上半部分石灰色,
两翼黑色, 下半部分偏白色。
尾部黑色, 三枚外侧尾羽端部
呈白色。雌雄相似, 但雌鸟具白色不连续眼眶且下体密布细纹。幼鸟
头部及身体密布斑纹。
生活习性: 一般单独或成对活动, 偶尔集小群, 喜栖息于各种开阔林地中。鸣声
独特, 为一串悠长降调的笛音。多在树冠层捕食, 鲜少在地面上觅食。
巢建于树杈上, 呈杯状。
食 性: 食虫, 主要以昆虫为食。
保护级别: 国家"三有"保护动物 / 无危（IUCN）。

黑卷尾

英 文 名: Black Drongo
学 名: *Dicrurus macrocercus*
别 名: 铁燕子、黑黎鸡
体 型: 中型卷尾, 体长 24 ~ 30 厘米。
外形特征: 喙黑色, 嘴基黑色须毛明显, 嘴角具白斑点。脚黑色。虹膜暗红色。通体黑色闪绿色金属光, 尾部长且分叉明显。亚成鸟下体具白色横纹。幼鸟身体偏黑褐色, 上体与成鸟相似, 具白色羽缘。
生活习性: 一般结群活动, 栖息于开阔的农田、林缘地带。鸣声多变, 一般为嘶哑响亮夹杂着悦耳清脆的哨音, 可以效鸣其他鸟鸣。常在电线等处站立并向下观察, 发现猎物后立刻向下直飞捕食后再向上直飞回高处。巢建于高大树上, 呈浅杯状。
食 性: 食虫, 以各种昆虫及其幼虫为食。
保护级别: 国家"三有"保护动物 / 无危（IUCN）。

成鸟

亚成鸟

灰卷尾

英 文 名： Ashy Drongo
学 名： *Dicrurus leucophaeus*
别 名： 白颊卷尾、灰龙眼燕
体 型： 中型卷尾，体长 26 ~ 29 厘米。
外形特征： 喙黑色，具发达的黑色嘴须，嘴角周围黑色。脚黑色。虹膜红色。整体灰色，不同亚种颜色深浅不一，普通亚种脸颊白色。初级飞羽黑色，背上翼缘白色。尾部灰黑色具黑色浅横纹，分叉明显。

生活习性： 多成对活动，喜栖息于阔叶林、平原、丘陵地带，村庄附近。鸣声富于变化，时而沙哑响亮，时而清脆婉转，可以效鸣。常立于裸露的枝条等显眼位置捕食，有时亦向上或俯冲捕捉猎物。巢建于阔叶乔木的高大枝杈间，呈杯状。
食 性： 食虫，主要以农林害虫为食，偶尔取食植物种子。
保护级别： 国家"三有"保护动物 / 无危（IUCN）。

发冠卷尾

英 文 名： Hair-crested Drongo
学　　名： *Dicrurus hottentottus*
别　　名： 卷尾燕、山黎鸡、黑铁练甲
体　　型： 较大型卷尾，体长 29 ~ 34 厘米。
外形特征： 喙黑色，脚黑色，虹膜红色或白色。通体黑色，头部具丝状冠羽，两翼泛蓝绿色金属光泽，胸部具蓝紫色亮点斑。外侧尾羽向上卷起，分叉不明显，泛蓝绿色金属光泽。飞行时尾羽上卷明显。
生活习性： 一般单独或成对活动，喜在晨昏结群。树栖性，常栖息于中低地区丘陵和山林。飞行迅速而有力，姿态十分优雅，常先向上飞在空中翻腾，再迅速飞向低空作"燕式"滑翔。鸣声多变，常常是粗厉叫声掺杂着哑嘴声，有时亦作婉转悦耳的叫声。一般在空中捕食。领域性强，敢于攻击猛禽。巢建于高大乔木上的顶端，呈杯状，雌雄亲鸟共同育雏。
食　　性： 食虫，主要以昆虫为食，偶尔也取食植物的果实和种子。
保护级别： 国家"三有"保护动物 / 无危（IUCN）。

寿带

英 文 名：Chinese Paradise Flycatcher
学　　名：*Terpsiphone incei*
别　　名：长尾鹟、三光鸟、一枝花
体　　型：雄鸟体长 35 ~ 49 厘米，雌鸟体长 17 ~ 21 厘米。
外形特征：喙蓝黑色，脚蓝色，虹膜褐色，具蓝色眼圈。头部辉蓝色，冠羽明显，
　　　　　具黑色嘴须。雄鸟中央尾羽突出似绶带，有白色型和紫色型两种色型。
　　　　　白色型身体白色具黑色羽干纹，初级飞羽端部为黑色，尾白色。紫色
　　　　　型雄鸟身体栗红色，胸部灰色，翼上具黑斑，初级飞羽端部黑色，尾
　　　　　部栗红色，中央尾羽具两条白色干纹。雌鸟似紫色型雄鸟但羽冠和尾
　　　　　羽短于雄鸟。
生活习性：单独或成对活动，常见于低山和丘陵地带，喜栖息于常绿阔叶林。飞
　　　　　行时翼和尾张开，姿态美丽优雅，一般作短距离飞行。鸣声为嘹亮的
　　　　　笛音。多在栖处飞行捕食，捕食时飞行迅速。巢多建于小乔木主枝上，
　　　　　呈倒圆锥形。
食　　性：食虫，偶尔取食植物性食物。
保护级别：国家"三有"保护动物 / 安徽省一级保护野生动物 / 无危（IUCN）。

幼鸟

紫色型雄鸟

虎纹伯劳

英 文 名： Tiger Shrike

学　　名： *Lanius tigrinus*

别　　名： 花伯劳、粗嘴伯劳、虎花伯劳

体　　型： 中型伯劳，体长 17 ~ 19 厘米。

外形特征： 喙粗具钩呈黑色，脚灰蓝色，虹膜褐色，具黑色贯眼纹。雄鸟头部至颈背部呈灰蓝色，背部栗色，羽缘黑色似鱼鳞纹，两肋具不明显褐色横斑纹。喉部及下体呈白色。雌鸟与雄鸟相似但两肋横斑纹更多且明显，眼先呈浅色。尾部短呈栗色。

生活习性： 单独或成对活动，多活动于多林地区，偏爱栖息于疏林边缘。鸣声为一连串急促的粗哑似机关枪的叫声。多在林缘地带觅食，一般隐藏在林中安静观察猎物并伺机而动。巢常建于荆棘灌木中及洋槐等阔叶树上，呈杯状。

食　　性： 肉食，主要以昆虫为食，亦捕食鼠类和小鸟。

保护级别： 国家"三有"保护动物 / 安徽省二级保护野生动物 / 无危（IUCN）。

红尾伯劳

英 文 名： Brown Shrike
学　　名： *Lanius cristatus*
别　　名： 褐伯劳
体　　型： 中型伯劳，体长 17 ~ 20 厘米。
外形特征： 喙黑色具钩，脚黑色，虹膜褐色。头顶及上体呈红褐色，具黑色贯眼纹和白色眉纹。下体棕黄色，喉部白色。尾部较短呈红色。雄鸟一般有三种体色搭配：头背均褐色、头背均灰色，以及头灰色背褐色。亚成鸟胸肋部及背部具褐色鱼鳞纹。
生活习性： 常单独或成对活动，主要栖息于农田、林区。鸣声响亮有力，较为粗哑。喜站在树顶、电线等显眼位置等待猎物出现，然后迅速飞起捕捉，捉到后将食物插在尖锐树杈上撕食。巢建于林缘等开阔地，呈深碗状或杯状。
食　　性： 肉食，主要以昆虫、蜥蜴、小鸟为食，偶尔吃少量植物的种子。
保护级别： 国家"三有"保护动物 / 安徽省二级保护野生动物 / 无危（IUCN）。

棕背伯劳

英 文 名： Long-tailed Shrike
学　　名： *Lanius schach*
别　　名： 黄伯劳、桂来姆
体　　型： 较大型伯劳，体长 23 ～ 28 厘米。
外形特征： 喙黑色具钩，脚黑色，虹膜褐色。

头部灰蓝色，具黑色宽贯眼纹至上额，背部及两肋橙黄色，喉部及腹部呈白色。两翼黑色具橙色羽缘，翼上具白斑，翼下覆羽橙色。尾部长呈黑色。亚成鸟色暗淡且两肋及背部有横斑。有黑色型，通体黑褐色，面部纯黑色，翼上具白斑。

生活习性： 一般单独活动，在农田、林地、荒地等多种生境活动。鸣声响亮嘶哑，有时效鸣一些小鸟的叫声，婉转动听。常立于树顶、芦苇梢等显眼位置观察，发现猎物后立刻飞起捕捉。领域性强。巢建于树上或高灌木上，呈杯状。
食　　性： 肉食，主要以昆虫、青蛙、蜥蜴、小鸟等动物性食物为食。
保护级别： 国家"三有"保护动物 / 安徽省二级保护野生动物 / 无危（IUCN）。

亚成鸟

成鸟

松鸦

英 文 名：Eurasian Jay
学 名：*Garrulus glandarius*
别 名：山和尚、橿鸟
体 型：小型鸦，体长 30 ~ 36 厘米。
外形特征：喙黑色，脚肉棕色，虹膜浅褐色，具黑色髭纹。通体棕黄色，上背沾灰，喉部白色。翼黑色，翼基部具蓝黑色翅斑，翼尖白色。尾部黑色，腰部及臀部白色。不同亚种在体色、翅斑上有差异。
生活习性：一般集小群活动，喜在森林中活动，多栖息于树顶。飞行时振翅无规律，飞行缓慢。鸣声为单音节的嘶哑"嘎"声。常在路边丛林或耕地中觅食。巢建于近水的阔叶林、次生林等森林中，呈杯形，雌雄亲鸟共同育雏。
食 性：杂食，主要以昆虫、植物的果实和种子为食。
保护级别：国家"三有"保护动物 / 安徽省二级保护野生动物 / 无危（IUCN）。

灰喜鹊

英 文 名: Azure-winged Magpie
学　　名: *Cyanopica cyanus*
别　　名: 长尾巴郎、蓝鹊、山喜鹊
体　　型: 小型鹊,体长 31 ~ 40 厘米。
外形特征: 喙黑色,脚黑色,虹膜褐色。头部黑色,颈白色,上背灰色。喉部白色,下体灰色。两翼呈天蓝色沾白,翼尖黑色。尾长呈蓝色,尾下覆羽白色。亚成鸟与成鸟相似但头部沾白且体色无光泽,略显暗淡。

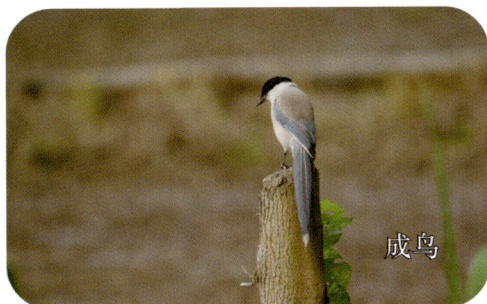
成鸟

生活习性: 集群生活,多栖息于次生林、人工林。飞行迅速,但不作长距离飞行,常在树林间穿飞。鸣声尖厉,常为一串连续的"嘎嘎"声,集群时十分喧闹。一般在地面边走边觅食。巢建于乔木枝杈间,巢简陋呈平台状或浅盘状,雌雄亲鸟共同育雏。
食　　性: 杂食,主要以昆虫等动物性食物为食。
保护级别: 国家"三有"保护动物 / 安徽省一级保护野生动物 / 无危(IUCN)。

亚成鸟

红嘴蓝鹊

英 文 名：Red-billed Blue Magpie
学　　名：*Urocissa erythroryncha*
别　　名：赤尾山鸦、长尾山鹊、山鷓
体　　型：体长 53 ~ 68 厘米。
外形特征：喙红色。跗跖和趾红色，爪
　　　　　黑色。虹膜橙色。头颈部黑
　　　　　色，头顶白色。上体蓝色，
　　　　　背部灰蓝色，下体近白色。

两翼蓝色，翼尖白色。中央尾羽甚长呈蓝色且端部白色，其余尾羽近
黑色，末端具白斑，并依次变短。

生活习性：一般成小群活动，多栖息于常绿阔叶林、针叶林等不同类型的森林中。
　　　　　喜滑翔，飞行时尾羽张开，姿态优雅。鸣声一般为双音节的短促"嘎
　　　　　嘎"声，单调重复，但鸣唱悦耳且多变，可以效鸣。一般在地面觅食。
　　　　　巢多建于树木侧枝和高大竹林上，呈碗状。
食　　性：杂食，主要以植物的果实和种子、昆虫为食。
保护级别：国家"三有"保护动物 / 安徽省二级保护野生动物 / 无危（IUCN）。

成鸟

亚成鸟

灰树鹊

英 文 名: Grey Treepie
学　　名: *Dendrocitta formosae*
别　　名: 树鹊
体　　型: 大型树鹊, 体长 35 ~ 39 厘米。
外形特征: 喙黑色, 脚黑色, 虹膜红棕色或红色。头颈部偏灰色, 脸黑色, 上体棕黄色, 腰白色。喉部黑色, 下体色浅偏灰白色沾棕。两翼黑色, 飞行时翼上白斑显著。尾部黑色呈塔状, 尾下覆羽橙色。
生活习性: 常集小群活动, 喜在树冠层跳跃活动, 多栖息于阔叶林、次生林及人工林。飞行时喜向下滑翔。喜鸣叫, 鸣声多样, 常发出一连串粗哑且有节奏的 "嘎嘎" 声。常于地面或树林间觅食。巢建于灌木丛或树上, 呈浅杯状或盘状。
食　　性: 杂食, 主要以浆果、种子为食, 亦取食昆虫、雏鸟、尸体等。
保护级别: 国家 "三有" 保护动物 / 无危 (IUCN)。

喜鹊

英 文 名：Oriental Magpie
学 名：*Pica serica*
别 名：客鹊、鹊鸟
体 型：较小型鹊，体长 40 ~ 50 厘米。
外形特征：喙黑色，脚黑色，虹膜深褐色。头颈部黑色，身体黑白相间闪蓝绿色金属光，上体黑色偏多，下体偏白色，臀部黑色。翼黑色，末端白色。飞行时见其飞羽白色，翼下覆羽黑色。尾长呈黑色。
生活习性：集群活动，适应于各种开阔生境，喜在公园、农田等地活动。鸣声多为连续嘶哑响亮的"喳喳"声，集群时十分嘈杂。一般在路边觅食，会储存食物。巢建于高大树木上、电线塔杆等地，巢大呈圆顶状，雌雄亲鸟共同育雏。
食 性：杂食，主要以动物性食物为食。
保护级别：国家"三有"保护动物 / 安徽省二级保护野生动物 / 未认可（IUCN）。

小嘴乌鸦

英 文 名：Carrion Crow

学　　名：*Corvus corone*

别　　名：细嘴乌鸦、老鸦、乌鸦

体　　型：大型鸦，体长 48 ～ 56 厘米。

外形特征：喙黑色，较细小呈圆锥形，基部
　　　　　被黑色羽。脚黑色。成鸟虹膜深
　　　　　褐色至黑色，幼鸟虹膜色较浅。
　　　　　额部较平滑，额弓不明显。通体
　　　　　黑色，闪蓝紫色和绿色金属光。

生活习性：一般成群活动，常与其他乌鸦混群，栖息于城市、公园、农田等开阔
　　　　　地区。飞行时振翅缓慢，喜边飞边叫。鸣声嘶哑为连续的"哇"声，
　　　　　有时似婴孩的啼哭。在地面觅食，喜在垃圾场寻食。巢建于高树的树
　　　　　冠层中，呈深碗状。

食　　性：杂食，主要以尸体、垃圾为食，有时也取食植物的果实和种子。

保护级别：无危（IUCN）。

白颈鸦

英 文 名： Collared Crow
学　　名： *Corvus pectoralis*
别　　名： 环颈乌鸦、玉颈鸦
体　　型： 大型鸦，体长 47 ~ 55 厘米。
外形特征： 喙黑色，脚黑色，虹膜褐色。通体黑色，头部和喉部闪蓝紫色金属光，颈部及颈侧白色，与胸前白色条带相连形成环带，两翼闪绿色金属光。幼鸟羽毛松散，白色环带沾灰，体色无金属闪光。
生活习性： 一般单独或成对活动，栖息于农田、河滩、村庄等地。喜边飞边鸣，鸣声嘶哑尖利，音调高。一般在地面踱步觅食，且不停地四处张望。巢建于崖洞或高大乔木上，呈碗状。
食　　性： 杂食，主要以昆虫为食，亦取食种子、腐肉、垃圾等。
保护级别： 国家"三有"保护动物 / 易危（IUCN）。

大嘴乌鸦

英 文 名： Large-billed Crow

学　　名： *Corvus macrorhynchos*

别　　名： 老鸦、老鸹、巨嘴鸦

体　　型： 大型鸦，体长 47 ~ 57 厘米，雌鸟略小于雄鸟。

外形特征： 喙粗厚呈黑色，上喙呈拱形。脚黑色。虹膜褐色。头部黑色，额部凸且被短羽，喙与额头几乎呈直角，鼻须不覆盖至喙中央。通体黑色，闪蓝色、紫色、绿色金属光。雌鸟与雄鸟相似，但雌鸟上喙拱形不明显。

生活习性： 集群活动，适应于多种生境，喜活动于农田、河谷等地，多停息于电线、树上、屋脊上，在城市中常见。发出响亮粗厉的"呱—呱—呱"声，鸣声多变。飞行姿态灵活，可以在空中盘旋。一般在早晨和下午觅食。巢建于高大乔木上，呈碗状。

食　　性： 杂食，主要以昆虫为食，亦取食植物、腐肉、鼠类等。

保护级别： 无危（IUCN）。

黄腹山雀

英 文 名： Yellow-bellied Tit
学　　名： *Pardaliparus venustulus*
别　　名： 黄豆嵐、黄点儿、采花鸟
体　　型： 小型山雀，体长 9 ～ 11 厘米。
外形特征： 喙黑色，喙基部黄色。脚黑色。虹膜褐色。雄鸟头部黑色，脸颊具白色块斑，后颈具白斑。上背蓝灰色，翼上覆羽具两道白色翅斑，繁殖期喉部黑色，非繁殖期喉部黄色，下体呈黄色。雌鸟头部黄绿色，具黄色短眉纹，脸颊具白斑。上体黄绿色，翼上覆羽具两道黄白色翅斑，下体黄色。尾短呈黑色。
生活习性： 常集群跳跃活动于树冠层，繁殖期单独或成对活动，双宿双飞。一般栖息于各类林地中。鸣声多变，常为单调连续且有力的"呲"声。喜在地面边走边觅食。巢建于天然树洞中，呈杯状。
食　　性： 杂食，主要以昆虫为食，偶尔也取食植物的果实和种子。
保护级别： 国家"三有"保护动物 / 无危（IUCN）。

大山雀

英　文　名：Japanese Tit
学　　　名：*Parus minor*
别　　　名：白脸山雀、吱吱黑
体　　　型：大型山雀，体长 12～14 厘米。
外形特征：喙黑色，脚黑色，虹膜褐色。头部黑色，脸颊具一块三角形白斑。上背黄绿色。喉部黑色，下体白色，上胸至下腹具一黑色条带。飞羽黑色，初级、次级飞羽外缘白色，形成白色翼带。尾部呈黑色。
生活习性：单独或成小群活动，一般跳跃活动于林灌，常栖息于阔叶林、针叶林中。鸣声较多变，常为一串三至四音节的尖细气音或急促有力的打气声。喜在树上或地面觅食。营巢地点多样，常于墙缝、树间筑巢，呈深杯状或袋状。
食　　　性：杂食，主要以昆虫和植物的种子为食。
保护级别：国家"三有"保护动物 / 未认可（IUCN）。

小云雀

英 文 名： Oriental Skylark

学　　名： *Alauda gulgula*

别　　名： 朝天柱、百灵、阿鹨

体　　型： 小型云雀，体长 14 ～ 16 厘米，雌鸟略小于雄鸟。

外形特征： 喙淡粉色沾黑，上喙中央及喙端部黑色较重。脚肉色。虹膜褐色。头部沙黄色，颊部褐色较深，具黄色眉线，羽冠小且能竖立。上体较斑驳，褐色与黑色相间。喉部近白色，下体白色，胸部具深褐色纵纹。初级飞羽较短，飞行时其次级飞羽沙黄色明显。尾羽深褐色，外侧尾羽沙黄色。

生活习性： 一般成群活动，主要栖息于开阔地带，喜草地、耕地、稻田周边等短草覆盖的生境。飞行时起伏不定，能在空中迅速俯冲和上升，在飞行中鸣唱，鸣声多为急促机械的爆破音。善奔跑，一般在地面觅食。巢建于隐蔽的地面凹陷处，呈杯状。

食　　性： 杂食，主要以植物性食物为食。

保护级别： 国家"三有"保护动物 / 安徽省二级保护野生动物 / 无危（IUCN）。

纯色山鹪（jiāo）莺

英 文 名：Plain Prinia
学　　名：*Prinia inornata*
别　　名：褐头鹪莺、纯色鹪莺
体　　型：较大型山鹪莺，体长13 ~ 15厘米。
外形特征：上喙黑色，下喙偏粉色。跗跖和趾偏粉红色，爪黑色。虹膜浅褐色。繁殖羽头部褐色，具皮黄色眉纹，眼后眉纹不明显。上体褐色，下体近白色，翼及尾部黑褐色，飞行时长尾明显。非繁殖期眉纹、下体偏黄色。
生活习性：一般成小群活动，喜活动于草丛、稻田和荒地，栖息于各种生境。常在草茎间活泼地跳跃和飞行，喜边移动边鸣叫。鸣声多为短粗重复的"唧唧"声。巢建于草丛和小麦丛间，呈囊状或杯状，雌雄亲鸟共同育雏。
食　　性：食虫，主要以昆虫为食。
保护级别：国家"三有"保护动物 / 无危（IUCN）。

东方大苇莺

英 文 名：Oriental Reed Warbler
学　　名：*Acrocephalus orientalis*
别　　名：苇串儿、呱呱唧
体　　型：较大型苇莺，体长 17 ~ 19 厘米。
外形特征：喙粗大，上喙褐色，下喙偏粉色。脚灰色。虹膜褐色。头部褐色，具皮黄色眉纹和黑色贯眼纹。上体褐色，腰偏棕色。喉部至上胸部黄白色，胸部具细纵纹，下体偏黄色，两肋及臀部黄色较深。翼及尾部褐色较深，羽缘黄色，初级飞羽不突出。
生活习性：单独或成对活动，喜栖息于芦苇丛、沼泽、稻田、次生灌丛等隐蔽地点。喜站在巢附近的小枝头上鸣叫，鸣声为一连串短促的"咔咔"声。一般在水域附近觅食。巢建于芦苇茎上，呈杯形。
食　　性：食虫，主要以水生昆虫为食。
保护级别：国家"三有"保护动物 / 无危（IUCN）。

家燕

英 文 名： Barn Swallow
学　　名： *Hirundo rustica*
别　　名： 燕子、观音燕、拙燕
体　　型： 中型燕，体长 17 ~ 20 厘米。
外形特征： 喙黑色，喙基宽阔扁平。脚黑色。虹膜褐色。头部黑色闪蓝色金属光，额及喉部红色。上体黑色闪金属蓝光，下体部白色或红色，具黑色胸带。两翼及尾部呈黑色，尾羽具白斑，外侧尾羽长。雌雄相似，但雄鸟尾羽更长。亚成鸟体色较暗，无延长的尾羽。
生活习性： 常成群活动，一般栖息于农田、草地等开阔地带，喜近水区域，多在电线、房顶等显眼处停息。具迁徙性。喜飞行，飞行迅捷且方向不固定，有时在空中高飞翱翔。鸣声音调高，集群鸣叫时十分喧闹。一般在空中觅食。巢建于人类房屋的檐下、墙壁、横梁上，巢为泥巢，呈半碗状。
食　　性： 食虫。
保护级别： 国家"三有"保护动物 / 安徽省一级保护野生动物 / 无危（IUCN）。

成鸟

幼鸟

烟腹毛脚燕

英 文 名： Asian House Martin
学　　名： *Delichon dasypus*
别　　名： 毛脚燕
体　　型： 小型燕，体长 11 ~ 13 厘米。
外形特征： 喙黑色。跗跖和趾粉色被白色短毛。爪黑色。虹膜褐色。头部至背部
蓝黑色，腰白色。额部至喉部白色，胸腹部白色沾灰。两翼及翼下覆
羽黑色，尾下覆羽沾黑。尾分叉呈黑色。
生活习性： 单独或集小群活动，常与其他燕类混群，多栖息于山谷中。具迁徙性。
多在空中翱翔。常边飞边鸣，鸣声为连续的欢快颤音。多在空中觅食。
巢多建于悬崖下石壁的裂缝和洞穴中，也在檐下、墙壁等建筑物上
筑巢，呈半碗形或半球形。
食　　性： 食虫。
保护级别： 国家"三有"保护动物 / 安徽省一级保护野生动物 / 无危（IUCN）。

育雏

金腰燕

英 文 名： Red-rumped Swallow

学　　名： *Cecropis daurica*

别　　名： 赤腰燕、巧燕

体　　型： 大型燕，体长 16 ~ 20 厘米。

外形特征： 喙黑色，脚黑色，虹膜褐色。头顶蓝黑色，颈侧橙色，上体蓝黑色，腰橙色。脸颊、颏部至下腹呈白色或淡棕色，具棕黑色针状纵纹。两翼及尾呈黑色，尾羽分叉明显，外侧尾羽更长。

生活习性： 一般集小群活动，多活动于农田、城镇、山脚坡地，常停息于电线上。具迁徙性。善飞行，喜高飞但振翅缓慢。鸣声尖锐响亮。一般在空中觅食。巢多建于木质房屋外的墙壁上，巢精巧呈长颈瓶状。

食　　性： 食虫。

保护级别： 国家"三有"保护动物 / 安徽省一级保护野生动物 / 无危（IUCN）。

领雀嘴鹎（bēi）

英 文 名: Collared Finchbill
学　　名: *Spizixos semitorques*
别　　名: 中国圆嘴布鲁布鲁、青冠雀、
　　　　　　羊头公
体　　型: 大型鹎，体长 21 ~ 23 厘米。
外形特征: 喙厚呈象牙白色，上喙下弯。
　　　　　　脚粉色沾黑。虹膜褐色。头
　　　　　　部黑色或深灰色，耳羽和颊
部具白色细纹，前颈具白色半领环。身体绿色，翼尖黑色。尾部略凹，
尾羽末端黑色或褐色。
生活习性: 一般成群活动。喜栖息于溪边灌木丛、林缘疏林、常绿阔叶林等生境。
　　　　　　鸣声婉转动听，似笛音。多在树上觅食。巢多建于溪边或路边小树梢
　　　　　　上，呈碗状。
食　　性: 杂食，主要以植物的果实为食，亦取食昆虫等动物性食物。
保护级别: 国家"三有"保护动物／无危（IUCN）。

黄臀鹎

英 文 名： Brown-breasted Bulbul
学　　名： *Pycnonotus xanthorrhous*
别　　名： 黄屁屁
体　　型： 中型鹎，体长 19 ~ 21 厘米。
外形特征： 喙黑色，脚棕黑色，虹膜灰褐色至深褐色。头部具黑色顶冠，耳羽褐色，上体呈灰褐色，翼上无黄色。喉部纯白色，前胸灰褐色，腹部白色沾褐，臀部黄色。尾呈深褐色，略分叉。
生活习性： 成对或成群活动，常与其他鹎类混群。主要活动于林缘、次生林，亦在果园、农田旁的灌丛中栖息。喜鸣叫，鸣声时而单调重复，时而急促悦耳，音色清脆。一般在树上觅食，偶尔在空中捕食。巢建于竹丛、灌木或小树上，呈杯状。
食　　性： 杂食，主要以植物的果实和种子为食，亦取食昆虫等动物性食物。
保护级别： 国家"三有"保护动物 / 无危（IUCN）。

白头鹎

英 文 名： Light-vented Bulbul
学 名： *Pycnonotus sinensis*
别 名： 白头婆、白头翁
体 型： 中型鹎，体长 18 ~ 20 厘米。
外形特征： 喙黑色，脚黑色，虹膜褐色。前额至头顶黑色，头顶具不明显羽冠，眼后延伸出一白色环带，脸颊黑褐色且带一块圆形白斑。上体橄榄色，翼呈黄绿色。喉部白色，胸部灰色，腹部偏白色，臀部白色。尾部为圆尾，呈橄榄绿色。
生活习性： 一般成群活动，适应耕地、开阔的次生林、城市、乡村等多种生境。鸣声多样且声音大，典型叫声为一串有节奏的颤鸣，音色清脆悦耳。一般在树上结群觅食，或者栖于树上，见到猎物后飞起捕捉再飞回栖处。巢建于树上或灌丛中，呈杯状。
食 性： 杂食，主要以浆果和果树的种子为食。
保护级别： 国家"三有"保护动物 / 无危（IUCN）。

成鸟

亚成鸟

绿翅短脚鹎

英 文 名： Mountain Bulbul

学　　名： *Ixos mcclellandii*

别　　名： 绿膀布鲁布鲁、麦克氏短脚鹎

体　　型： 大型鹎，体长 21 ～ 24 厘米。

外形特征： 喙黑色，脚粉红色沾黑，虹膜红色。具褐色短而尖的羽冠，颈背棕红色，背灰黑色。喉部黑色密布白色纵纹，胸部及两肋褐色且胸部具白色纵纹。两翼橄榄绿色，翼尖灰黑色。尾部绿色，略向内凹。

生活习性： 集群活动，喜在树冠层跳跃活动，主要栖息于林缘地带、阔叶林、次生林等开阔地带。鸣声通常为一连串降调的金属哨音，高亢婉转。一般从栖处飞起捕捉食物。巢常建于林下灌丛中，呈杯状。

食　　性： 杂食，主要以小型果实和昆虫为食，也常吃山茶花、樱花等的花蜜。

保护级别： 国家"三有"保护动物 / 无危（IUCN）。

栗背短脚鹎

英 文 名：Chestnut Bulbul
学　　名：*Hemixos castanonotus*
别　　名：栗背鹎
体　　型：较大型鹎，体长 19 ～ 22 厘米。
外形特征：喙黑色，脚黑褐色，虹膜褐色。
　　　　　头部具黑褐色蓬松冠羽，前额及
　　　　　脸颊栗红色。背部栗色或浅栗色，
　　　　　下体白色。翼深褐色沾白或沾绿。
　　　　　喉部及下体呈白色，胸部沾灰色。尾部深褐色，略向内凹。
生活习性：一般成对或成小群活动，常活动、栖息于低山丘陵的林缘地带、常绿
　　　　　阔叶林、边地丛林等生境。鸣声为二至五音节的欢快哨音或单音节的
　　　　　响亮叫声，清脆悦耳。常在树冠层或林下灌木、小树上觅食。巢建于
　　　　　灌木或小树枝桠上，呈杯状。
食　　性：杂食，主要以植物的果实和种子为食，亦取食昆虫等动物性食物。
保护级别：国家"三有"保护动物 / 无危（IUCN）。

黑短脚鹎

英文名： Black Bulbul

学　名： *Hypsipetes leucocephalus*

别　名： 红嘴黑鹎、白头公、白头黑
布鲁布鲁

体　型： 中型鹎，体长 21 ~ 27 厘米。

外形特征： 喙红色，脚红色，虹膜褐色。
不同亚种外形特征不一，一
般分为黑头型和白头型两种
色型。黑头型通体黑色；白头型头部及前胸呈白色，其余部分黑色。
尾部较长呈黑色，略分叉。幼鸟身体偏灰色，羽冠略平。

生活习性： 常单独或成群活动，一般在低山阔叶林、次生林、混交林、公园等地
活动，喜栖息于树冠上。善于鸣叫，鸣声多变，常发出似小猫叫的尖
利叫声。一般在树上觅食。巢多建于山地森林的乔木横枝上，呈杯状。

食　性： 杂食，主要以植物的果实为食，亦取食昆虫等动物性食物。

保护级别： 国家"三有"保护动物 / 无危（IUCN）。

白头型

黄腰柳莺

英 文 名：Pallas's Leaf Warbler
学　　名：*Phylloscopus proregulus*
别　　名：黄尾根柳莺、槐树串儿、帕氏柳莺
体　　型：小型柳莺，体长 9 ~ 10 厘米。
外形特征：喙黑色，基部橙黄色。脚粉色。虹膜褐色。头部橄榄绿色，具黄色粗眉纹和顶纹，贯眼纹黑色。上体橄榄绿色，腰黄色。下体灰白色，臀部沾黄色。两翼黑色，次级飞羽沾橄榄绿色，具两道黄色翼斑。尾部黑色，外侧尾羽橄榄绿色。
生活习性：单独或成对活动，常与其他柳莺混群活动，栖息于林缘和森林灌丛地带。鸣声响亮多变，常常发出"嘟"声和颤音。一般在树冠层跳跃觅食。巢多建于树枝上，呈球形。
食　　性：食虫，主要以昆虫为食，偶尔取食杂草种子。
保护级别：国家"三有"保护动物 / 无危（IUCN）。

棕脸鹟（wēng）莺

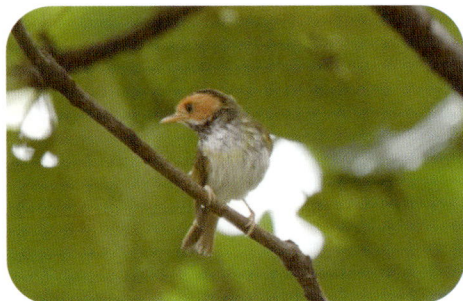

英 文 名： Rufous-faced Warbler
学　　名： *Abroscopus albogularis*
别　　名： 棕面莺
体　　型： 较小型莺，体长 8 ~ 10 厘米。
外形特征： 喙橙色，上喙沾黑。脚偏粉色。虹膜褐色。头顶绿色具两道黑色顶纹，脸部呈棕黄色。上体橄榄绿色，腰黄色。颏部白色，喉部至上胸部具黑色斑纹，具淡黄色胸带，腹部白色，臀部黄色。两翼及尾部呈橄榄绿色，羽缘黑色。
生活习性： 单独或成小群活动，喜栖息于茂密竹林或常绿林中，多在林缘处活动。鸣声常为一串高分贝的"叮铃铃铃"声，似电话铃。一般在树冠边缘觅食，偶尔在空中飞翔捕食。巢多建于近溪流的竹子空洞中。
食　　性： 食虫，主要以昆虫、无脊椎动物为食。
保护级别： 国家"三有"保护动物 / 无危（IUCN）。

强脚树莺

英 文 名：Brown-flanked Bush Warbler
学　　名：*Horornis fortipes*
别　　名：山树莺
体　　型：较小型树莺，体长 11 ~ 13 厘米。
外形特征：喙黑色，下喙偏黄色。脚强壮偏褐色。虹膜褐色。头部褐色，颊部偏灰色，具皮黄色眉纹及黑色贯眼纹。上体深褐色，颏部至上胸部偏白色，腹部及两肋呈褐色。两翼褐色，翼缘黑色。尾部黑色沾棕。
生活习性：一般单独活动，常栖息于灌丛、竹林等隐蔽地点，亦活动于公园、村庄、果园等地。多发出三音节的响亮叫声，第一音节悠长，后两音节短促，有时亦发出单调的哑嘴声。喜在树上或草地上跳跃觅食。巢多建于灌丛或草丛中，呈球状或深杯状。
食　　性：食虫，主要以昆虫为食。
保护级别：国家"三有"保护动物 / 无危（IUCN）。

银喉长尾山雀

英 文 名： Silver-throated Bushtit

学　　名： *Aegithalos glaucogularis*

别　　名： 银喉山雀

体　　型： 小型山雀，体长 13 ~ 16 厘米。

外形特征： 喙细小呈黑色，脚黑色，虹膜深褐色。头部棕色，具宽阔的黑色眉纹，头顶中央呈白色。背部灰色，飞羽呈黑褐色。喉部具黑色块斑，密闭银白色梳状短毛。下体呈棕色。尾长呈黑色，具白边。幼鸟体色较浅，胸部及脸颊呈红色。

生活习性： 成群活动，一般活动于阔叶林、林间灌丛等多林地带，喜栖息于针叶林或针阔混交林中。鸣声一般为尖细且重复的单音节颤鸣。常在树冠或灌丛顶层觅食，喜倒挂。一般巢建于乔木的枝杈间，巢呈卵圆形并不断扩大。

食　　性： 杂食，主要以昆虫为食。

保护级别： 国家"三有"保护动物 / 无危（IUCN）。

红头长尾山雀

英文名: Black-throated Bushtit
学　名: *Aegithalos concinnus*
别　名: 小老虎、红顶山雀、红宝宝儿
体　型: 小型山雀,体长 9 ~ 12 厘米。
外形特征: 喙黑色。跗跖和趾橙黄色,爪黑色。虹膜黄色。头部橙黄色,具宽且黑的贯眼纹。背部呈灰黑色,喉部白色,具黑色块斑。下体白色,具橙色胸带,腹部具不同程度的橘色。尾部呈黑色,边缘白色。
生活习性: 常成群活动,也喜与其他鸟类混群,一般栖息活动于灌木林、山地森林。鸣声为一串单音节的重复且急促的"吱"声。通常在不同树之间来回飞翔觅食,边取食边鸣叫。巢建于柏树等常绿针叶乔木上,呈编织的椭圆状,雌雄亲鸟共同育雏。
食　性: 杂食,主要以昆虫为食。
保护级别: 国家"三有"保护动物 / 无危(IUCN)。

棕头鸦雀

英 文 名： Vinous-throated Parrotbill
学　　名： *Suthora webbiana*
别　　名： 黄豆鸟、黄腾鸟、天煞星
体　　型： 小型鸦雀，体长 11 ~ 13 厘米。
外形特征： 喙短粗呈黑色，喙前端黄色。
　　　　　　脚灰粉色。虹膜淡黄色或褐色。
　　　　　　头颈部红棕色，上背棕黑色。
　　　　　　不同亚种喉部及下体红棕色深
　　　　　　浅不一。两翼棕黑色，翅缘红色。尾部棕黑色。
生活习性： 集群活动，多活动栖息于灌丛、芦苇丛、城市园林等地。喜作短距离
　　　　　　低飞，常边飞边叫。鸣声多为三声一顿的尖细颤音。一般在芦苇、灌
　　　　　　丛中结群觅食。巢建于灌木树杈间，呈杯状，雌雄亲鸟共同育雏。
食　　性： 杂食，主要以昆虫为食，亦取食植物的种子。
保护级别： 国家"三有"保护动物 / 无危（IUCN）。

灰头鸦雀

英 文 名： Grey-headed Parrotbill
学　　名： *Psittiparus gularis*
别　　名： 金色鸟形山雀
体　　型： 大型鸦雀，体长 16 ~ 18 厘米。
外形特征： 喙橙红色，喙前端黄色。脚灰蓝色。虹膜红褐色。头部灰色，眼周白色，眼先黑色，黑色眉纹延伸至枕部。上体褐色。喉部中央褐色，下体白色。两翼褐色，翼缘黑色。尾部深褐色。
生活习性： 一般集群活动，喜在竹林和林下灌丛活动，主要栖息于林缘灌丛、竹林、山地常绿阔叶林和次生林中。常在灌木上跳跃或来回飞行。鸣声为响亮悠扬的哨音，一般为三声一顿的"啾啾啾"声。喜在树顶觅食，偶尔到草地或林下层寻食。巢建于竹杈间或林下幼树上，呈杯状。
食　　性： 杂食，主要以昆虫为食，亦取食植物的果实和种子。
保护级别： 国家"三有"保护动物 / 无危（IUCN）。

栗颈凤鹛（méi）

英 文 名: Indochinese Yuhina

学　　名: *Staphida torqueola*

别　　名: 印支凤鹛

体　　型: 中型凤鹛，体长 13 ~ 15 厘米。

外形特征: 喙红褐色沾黑，脚粉红色，虹膜褐色。头部灰色杂以白色细纹，羽冠短，脸颊至颈部栗色。上体灰褐色具白色细纵纹。下体近白色，胸部及两肋偏褐色。两翼及尾部深褐色，羽缘浅灰色或灰白色。

生活习性: 一般集大群活动，常活动于灌丛、中低林层。常在树枝间跳跃穿梭，一般很少飞翔。鸣声多为响亮的双音节上扬哨音，集群时十分喧闹。喜在树皮、苔藓、顶枝等地觅食。巢建于天然洞中或其他鸟类的弃巢。

食　　性: 杂食，主要以昆虫为食。

保护级别: 无危（IUCN）。

暗绿绣眼鸟

英 文 名：Swinhoe's White-eye
学　　名：*Zosterops simplex*
别　　名：绣眼儿、白眼儿
体　　型：小型绣眼鸟，体长 10 ~ 12 厘米。
外形特征：喙黑色，脚黑色，虹膜棕色或红色。头部及上体呈橄榄绿色，前额及喉部偏黄色，具白色粗眼圈，眼前部具一黑色斑点。下体白色，臀部黄色。两翼及尾部端部黑色，羽缘白色。
生活习性：多集群活动，一般活动于植被中上层，常栖息于森林、灌丛、耕地等多种生境中。鸣声为急促重复且音调高的"啾"音，有时发出拖长单调的金属颤音。在树上觅食。巢建于灌木或阔叶树上，呈杯状。
食　　性：杂食，以昆虫、小型无脊椎动物、花蜜等为食。
保护级别：国家"三有"保护动物 / 安徽省二级保护野生动物 / 无危（IUCN）。

棕颈钩嘴鹛

英文名： Streak-breasted Scimitar Babbler
学　名： *Pomatorhinus ruficollis*
别　名： 小钩嘴嘈鹛、小钩嘴鹛、小眉
体　型： 较小型钩嘴鹛，体长 16 ~ 19 厘米。
外形特征： 喙上端黑色，下端黑色或粉红色。脚黑色。虹膜褐色。头部棕红色，眼先黑色，具漆白色眉纹延伸至颈部。上体褐色，具栗色颈纹。颏部至喉部白色，下体棕色，胸部具白色纵纹。两翼及尾部褐色沾黑。不同亚种胸部、腹部、上背略有差异。
生活习性： 一般成对或集小群活动，喜栖息于灌丛、荆棘、杜鹃花丛等地。鸣声一般为三音节的悦耳笛音。一般不作长距离飞行，喜在树间穿飞。常在近地面觅食。巢多建于灌木丛中，呈锥形或半球形。
食　性： 杂食，主要以昆虫为食，亦取食植物的果实和种子。
保护级别： 国家"三有"保护动物 / 无危（IUCN）。

褐顶雀鹛

英 文 名: Dusky Fulvetta
学　　名: *Schoeniparus brunneus*
别　　名: 山乌眉、乌眉、头乌线
体　　型: 较大型雀鹛，体长 13 ~ 14 厘米。
外形特征: 喙黑色，脚黄褐色，虹膜褐色。头部灰色，头顶褐色，眼圈淡黄色，具一条黑色侧冠纹。上体褐色。颏部至喉部灰色沾白，下体灰色。翼及尾部褐色沾黑，尾下覆羽褐色。亚成鸟侧冠纹不明显，下体偏白色。
生活习性: 一般成群活动，多活动于灌丛、常绿阔叶林中。鸣声为二至四音节的清脆颤音，鸣唱声多变且悦耳。常于地面翻动觅食或在灌丛中捕食。巢多建于灌丛、草丛中，呈半球形。
食　　性: 杂食，主要以昆虫为食，偶尔取食少量的植物果实和种子。
保护级别: 国家"三有"保护动物 / 无危（IUCN）。

灰眶雀鹛

英 文 名: David's Fulvetta

学　　名: *Alcippe davidi*

别　　名: 白眼环眉、绣眼画眉、山白木眶

体　　型: 较大型雀鹛，体长 12 ～ 14 厘米。

外形特征: 喙黑色，脚偏粉色，虹膜红色。头部灰色，眼圈白色，黑色眉纹不明显。上体褐色。喉部黄白色，具细小纵纹。胸部近白色，下体皮黄色沾灰。两翼及尾部呈褐色且端部偏黑色，翼缘白色。

生活习性: 喜成群活动，一般跳跃活动于山地森林、林缘灌丛中。喜在树枝间穿飞。鸣声多为单调活泼的"唧"声，鸣唱声为一串悦耳婉转的哨音。喜在粗枝间捕食，有时也在地面觅食。巢多建于林下灌丛的杈间，呈碗状。

食　　性: 杂食，主要以昆虫、植物的果实和种子为食。

保护级别: 国家"三有"保护动物 / 未认可（IUCN）。

画眉

英 文 名：Chinese Hwamei
学　　名：*Garrulax canorus*
别　　名：文武鸟、金画眉
体　　型：较小型噪鹛，体长 21 ～ 24 厘米。
外形特征：喙黄色沾黑，脚黄色沾粉，虹膜黄色。头颈部棕黄色，头部羽缘黑色，颈部具黑色细纵纹延伸至胸部。具漆白色眼圈和眉纹，嘴须黑色，耳羽褐色。身体棕黄色，腹部具大片灰色块状斑。翼褐色沾黑，尾部黑褐色。
生活习性：常单独或集小群活动，喜栖息于灌丛、竹林中。一般在灌丛间穿飞。喜鸣叫，鸣声为婉转多变的哨音，可以效鸣。多在林下灌丛间觅食。巢建于阴翳林间、地面草丛中，呈碟状或杯状。
食　　性：杂食，主要以昆虫、植物的果实和种子为食。
保护级别：国家二级保护野生动物 / 无危（IUCN）。

雄鸟

白颊噪鹛

英 文 名： White-browed Laughingthrush

学　　名： *Pterorhinus sannio*

别　　名： 白眉噪鹛、白眉笑鸫、小噪鹛

体　　型： 中型噪鹛，体长 22 ~ 25 厘米。

外形特征： 喙黑色，脚褐色，虹膜褐色。头部红褐色，羽冠不明显，白色眉纹与白色颊纹相连呈"C"形，眼后具黑褐色条纹。通体棕褐色，颈部至胸部呈红褐色。翼和尾部褐色沾黑，尾下覆羽偏橙色。

生活习性： 一般成群活动，多栖息于低山丘陵或山脚的矮树灌丛和丛林中。不喜远飞。喜鸣叫，鸣声一般为单音节的悠长金属混音，集群时十分喧闹。常在森林中下层和地面觅食。巢建于灌丛中，呈碗状。

食　　性： 杂食，主要以昆虫为食，亦取食植物的果实和种子。

保护级别： 国家"三有"保护动物 / 无危（IUCN）。

黑脸噪鹛

英 文 名： Masked Laughingthrush

学　　名： *Pterorhinus perspicillatus*

别　　名： 嘈杂鸫、噪林鹛、七姊妹

体　　型： 较大型噪鹛，体长 27 ~ 32 厘米。

外形特征： 喙黑色。跗跖和趾偏粉色，爪黑
色。虹膜褐色。头颈部铅灰色，
具黑色眼罩和嘴须。上体偏褐色。
颏部至胸部铅灰色，腹部皮黄色。
两翼褐色沾黑。尾羽褐色，末端黑色，尾下覆羽橙黄色。幼鸟黑色眼
罩较淡，体色偏皮黄色，尾羽端部具皮黄色斑块。

生活习性： 多集群活动，常栖息于灌丛和竹丛中。喜跳跃活动，不善飞，飞行姿
态笨拙，一般在灌丛间作短距离飞行。鸣声为响亮重复的金属混音，
集群时十分嘈杂。常在地面觅食。巢多建于竹林与丛林内，呈杯状。

食　　性： 杂食，主要以昆虫为食。

保护级别： 国家"三有"保护动物 / 无危（IUCN）。

红嘴相思鸟

英 文 名： Red-billed Leiothrix

学　　名： *Leiothrix lutea*

别　　名： 红嘴鸟、五彩相思鸟、相思鸟

体　　型： 较小型鹛，体长 14 ～ 15 厘米。

外形特征： 喙红色，基部黑色。脚偏橘黄色。虹膜红褐色。头部橄榄绿色，眼周白色，眼先偏淡黄色。上体灰黑色。喉部至胸部黄色，胸部沾红色。下体灰色沾黄，臀部黄白色。两翼具红色和黄色翼斑。尾偏黑色，内凹分叉。

生活习性： 一般集小群活动，有时与其他鸟类混群，多栖息于常绿阔叶林、混交林、竹林或灌丛中。雄鸟鸣声婉转悦耳，雌鸟鸣声为单一的"吱吱"声。一般在树上寻食，偶尔在地面觅食。巢多悬挂建于灌木或矮树上，呈深杯状。

食　　性： 杂食，主要以昆虫为食。

保护级别： 国家二级保护野生动物 / 无危（IUCN）。

褐河乌

英 文 名：Brown Dipper

学　　名：*Cinclus pallasii*

别　　名：水乌鸦、小水乌鸦

体　　型：较大型河乌，体长 18 ~ 22 厘米。

外形特征：喙黑色，脚黑色，虹膜褐色。通
体深褐色，具不明显白色眼圈，
两翼及尾部偏黑色，翼缘白色。
幼鸟与成鸟相似但其羽缘黑色，
与体羽形成了鳞状斑纹。

生活习性：常单独或成对活动，活动栖息于山间河流两岸的倒木或大石上，停歇
时头部和尾部喜上下摆动。一般沿着水面作短距离飞行，飞行速度快。
鸣声多为单调重复的连续上扬"吱"声。在水中潜水觅食。巢多建于
河流两岸的石壁凹处，呈球形，雌雄亲鸟共同育雏。

食　　性：肉食，主要以水生昆虫为食。

保护级别：国家"三有"保护动物 / 无危（IUCN）。

八哥

英 文 名： Crested Myna

学　　名： *Acridotheres cristatellus*

别　　名： 鸲鹆了哥、加令、凤头八哥

体　　型： 大型八哥，体长 23 ~ 28 厘米。

外形特征： 喙淡黄色，下喙基部有时呈淡红色。跗跖和趾黄色，爪黑色。虹膜橙色。整体黑色，额部具一黑色羽冠。具白色翼斑，尾下覆羽呈黑色并具白色细横斑，尾羽端部白色。飞行时可见一对明显的翼下白斑。

生活习性： 一般成群活动，常与椋鸟、乌鸦混群。喜栖息于公园、农田、山林等多种生境。喜鸣叫，鸣声嘹亮喧闹，善模仿其他叫声，经过训练可以学人简单说话。常在清晨集群鸣叫后分散活动，翌日又在原处集合。在地面边走边觅食，有时亦在空中捕食。单配制，营巢于屋檐下、建筑物裂缝、树洞等多种地方，巢呈浅碗状或盘状，有时以喜鹊旧巢并加以整理后使用。

食　　性： 杂食，主要以昆虫为食，亦取食植物的果实和种子。

保护级别： 国家"三有"保护动物 / 安徽省二级保护野生动物 / 无危（IUCN）。

丝光椋鸟

英 文 名: Red-billed Starling
学　　名: *Spodiopsar sericeus*
别　　名: 丝毛椋鸟、红嘴椋鸟
体　　型: 较大型椋鸟,体长 20 ~ 23 厘米。
外形特征: 喙红色,端部黑色。腿橙色。虹膜黑色。羽毛呈矛状并具金属光泽。雄成鸟头部银黄色,上体银灰色,喉部近白色,下体灰色,腹部白色。两翼呈黑色,初级飞羽具白斑,尾部黑色,尾下覆羽白色。雌鸟与雄鸟相似但头部偏褐色且体色较暗淡。
生活习性: 成群活动,喜活动于开阔平原、林缘、耕地、城市公园,多栖息于电线、丛林、农耕区。鸣声清亮,集群时十分喧闹。喜水浴。一般在地面边走边觅食,结群或与其他鸟类共同觅食。巢建于洞穴。
食　　性: 杂食,主要以蝗虫、甲虫等农林害虫为食,亦取食植物的果实和种子。
保护级别: 国家"三有"保护动物 / 无危(IUCN)。

灰椋鸟

英 文 名： White-cheeked Starling
学 名： *Spodiopsar cineraceus*
别 名： 杜丽雀、竹雀、高粱头
体 型： 中型椋鸟，体长 19 ~ 23 厘米。
外形特征： 喙橙色且端部黑色，跗跖和趾橙色，爪黑色，虹膜褐色。头部黑色，脸颊具纵纹呈白色。身体呈灰褐色，腰、尾下覆羽外侧尾羽末端均呈白色。雌鸟体色浅较为暗淡。
生活习性： 多结群活动，主要栖息活动于矮草地、农田、城市公园、森林等地。飞行时身体平直呈瓶状，飞行速度快，整群飞行时动作整齐一致。鸣声单调重复，常成群鸣叫，十分嘈杂。在地面边走边觅食。巢常建于天然树洞或水泥电柱顶端空洞中，呈碗状，雌雄亲鸟共同育雏。
食 性： 杂食，主要以昆虫、植物的果实和种子为食。
保护级别： 国家"三有"保护动物 / 无危（IUCN）。

黑领椋鸟

英 文 名： Black-collared Starling

学　　名： *Gracupica nigricollis*

别　　名： 白头椋鸟、黑脖八哥

体　　型： 大型椋鸟，体长 27 ~ 30 厘米。

外形特征： 喙黑色，脚灰色，虹膜黄色。头部白色，脸颊及眼周具黄色裸皮。颈部至上胸部呈黑色。上体黑褐色，腰白色。翼呈黑色具白色翼缘，略显斑驳。尾部黑色且尾羽端部呈白色。雌鸟似雄鸟但身上褐色偏多。

生活习性： 成对或集小群活动，喜栖息于草地、农田、山脚平原等开阔地带。一般不飞行，飞行时常边飞边鸣。鸣声嘶哑响亮，常为单调重复的拖音。一般在树枝间取食，亦在地面边走边啄食。巢建于高大乔木上，呈瓶状或半碗状。

食　　性： 杂食，主要以昆虫为食，亦取食蚯蚓等无脊椎动物和植物的果实与种子。

保护级别： 国家"三有"保护动物 / 无危（IUCN）。

乌鸫（dōng）

英 文 名： Chinese Blackbird
学　　名： *Turdus mandarinus*
别　　名： 百舌、黑鸫、乌吉
体　　型： 大型鸫，体长 28 ~ 29 厘米。
外形特征： 喙黄色，脚黑色，虹膜褐色，眼圈黄色。雄鸟通体黑色。雌鸟喙黑色，上体深褐色，下体褐色，上胸部具纵纹。幼鸟喙黑色至黄色，眼圈较淡，头部褐色，胸部污白色具黑色点斑。
生活习性： 单独或集群活动，适应于各种生境，常栖息于林地、草地、园圃间。鸣声婉转多变，音色悦耳动听，善效鸣，其叫声变化有 120 多种，但冬季叫声很少出现变化。常集小群在地面奔跑觅食，找到食物后先向上小幅度跳起再迅速啄食。巢喜建于绿荫道路、小溪边，呈深碗状或杯形。
食　　性： 杂食，主要以昆虫幼虫为食，亦取食植物的果实和种子。
保护级别： 国家"三有"保护动物 / 无危（IUCN）。

幼鸟

白腹鸫

英 文 名： Pale Thrush

学　　名： *Turdus pallidus*

别　　名： 白肚鸫

体　　型： 中型鸫，体长 22 ~ 24 厘米。

外形特征： 上喙灰黑色，下喙黄色。脚黄褐色。虹膜褐色。雄鸟头顶、额部、颈部灰褐色，脸部偏灰色。上体橄榄褐色。喉部灰色，胸及两肋灰褐色，腹部至臀部白色。两翼及尾黑褐色，羽缘白色，飞行时见其尾羽两端白色。雌鸟头部偏褐色，喉部白色具黑色细纹，上体偏栗色。

生活习性： 一般单独或成对活动，主要栖息于次生植被、低地森林、公园、花园中。鸣声一般为尖细的"吱"音。喜在地面觅食。巢建于高灌木或林下小树的枝杈上，呈杯状。

食　　性： 杂食，主要以昆虫为食。

保护级别： 国家"三有"保护动物 / 无危（IUCN）。

斑鸫

英 文 名： Dusky Thrush

学　　名： *Turdus eunomus*

别　　名： 斑点鸫、窜儿鸡、穿草鸡

体　　型： 中型鸫，体长 22 ~ 25 厘米。

外形特征： 喙黑色，下喙基部黄色。脚
黄褐色。虹膜褐色。雄鸟头
顶、脸颊黑色，具白色粗眉
纹和黑色贯眼纹。上背黑色。
喉部、胸部及两肋密布黑色斑点，腹部白色。翼上具棕红色翼斑，尾
部黑褐色。雌鸟与雄鸟相似但体羽偏褐色，下体黑色斑点较小。

生活习性： 一般集小群活动，偏好活动于开阔山坡或平原田地的草丛灌木间，繁
殖期主要栖息于各类森林和林缘灌丛中，非繁殖期喜栖息于农田和林
缘疏林灌丛中。鸣声一般为一串三音节的急促金属音。一般在地面觅
食。巢多建于低矮小树上，呈杯状。

食　　性： 杂食，主要以昆虫为食。

保护级别： 国家"三有"保护动物 / 无危（IUCN）。

鹊鸲（qú）

英 文 名： Oriental Magpie-Robin
学　 名： *Copsychus saularis*
别　 名： 四喜、信鸟、猪屎渣
体　 型： 中型鸲，体长 19 ~ 22 厘米。
外形特征： 喙黑色，脚黑色，虹膜褐色。雄鸟上半部分蓝黑色，下半部分白色，翼黑色具明显白斑，中央尾羽黑色，外侧尾羽白色。雌鸟上半部分偏灰色。亚成鸟与雌鸟相似但身体具黑色斑纹。

生活习性： 单独或成对活动，喜栖息于林缘、次生林、有人类活动的地方，停息时常将尾巴翘起。常站于屋顶等高处鸣叫，鸣声悠长悦耳，善效鸣其他鸟类。常在猪圈、茅坑、牛栏觅食，觅食时喜摆尾。巢多建于树洞、墙洞、檐缝等建筑物空隙中，呈碟状或浅杯状。
食　 性： 杂食，主要以昆虫、植物的果实和种子为食。
保护级别： 国家"三有"保护动物 / 无危（IUCN）。

雌鸟

雄鸟

红胁蓝尾鸲

雄鸟

英 文 名： Orange-flanked Bush-robin
学　　名： *Tarsiger cyanurus*
别　　名： 蓝尾欧鸲、蓝尾巴根子、蓝尾杰
体　　型： 较小型鸲，体长 12 ～ 14 厘米。
外形特征： 喙黑色，脚深紫色，虹膜褐色。
雄鸟具白色眉纹，头部至上体蓝
色。喉部白色，下体白色沾蓝，
两肋橙红色，臀部白色。两翼偏
褐色，尾蓝色。雌鸟身体偏褐色，两肋橙红色，腹部至臀部偏白色，
尾蓝色。
生活习性： 一般单独或成对活动，主要栖息于多林地带，地栖性，停歇时喜上下
摆动尾部。鸣声为清脆的哨音。喜在林下灌木或地面跳跃觅食。巢多
建于茂密森林中，呈杯状，雌雄亲鸟共同育雏。
食　　性： 杂食，主要以昆虫为食。
保护级别： 国家"三有"保护动物 / 无危（IUCN）。

雌鸟

小燕尾

英 文 名： Little Forktail
学　　名： *Enicurus scouleri*
别　　名： 点水鸦雀、小剪尾
体　　型： 小型燕尾，体长 12 ～ 14 厘米。
外形特征： 喙黑色，脚白粉色，虹膜褐色。头部黑色，前额白色。上体黑色，腰部白色。颏部至上胸部黑色，腹部至臀部白色。翼黑色具白色翅斑。尾短且分叉，中央尾羽黑色，外侧尾羽白色。幼鸟与成鸟相似但额头不具白色。
生活习性： 一般单独或成对活动，喜栖息活动于山涧溪流、瀑布周围。停息时尾上下摆动，张开似扇形。鸣声尖细清脆，不甚响亮。一般在溪流中的岩石间跳跃觅食。巢多建于瀑布后方，呈杯状或碗状。
食　　性： 食虫，主要以水生昆虫为食。
保护级别： 国家"三有"保护动物 / 无危（IUCN）。

白额燕尾

英 文 名： White-crowned Forktail

学　　名： *Enicurus leschenaulti*

别　　名： 白冠燕尾

体　　型： 中型燕尾，体长 25 ~ 28 厘米。

外形特征： 喙黑色，脚淡粉色，虹膜褐色。头部黑色，额头白色，冠羽有时耸起似凤头。上体黑色，翼上覆羽具一道醒目白斑。颏部至上胸部黑色，腹部至臀部呈白色。翼黑色。尾长且分叉，具白色羽缘，最外侧两枚尾羽全部白色。亚成鸟头部至上胸部及上背部均偏褐色。

生活习性： 常单独或成对活动，喜在溪边、河道附近活动，一般停息于水中或水中石块上。喜呈波浪式低飞，边飞边鸣。鸣声尖细且悠长，似哨音。一般在浅水区边走边觅食，尾不停地展开。巢多建于溪边岩石的缝隙中，呈浅杯形。

食　　性： 食虫，主要以水生昆虫为食。

保护级别： 国家"三有"保护动物 / 无危（IUCN）。

亚成鸟

紫啸鸫

英 文 名： Blue Whistling Thrush
学　　名： *Myophonus caeruleus*
别　　名： 鸣鸡、乌精
体　　型： 大型啸鸫,体长29～35厘米。
外形特征： 喙黑色或黄色，脚黑色，虹膜褐色。通体黑色闪蓝紫色金属光，上半部分具蓝色星斑。不同亚种身体蓝色深浅不一，有些亚种翼上覆羽具白斑。幼鸟身体蓝黑色且不具斑点。
生活习性： 常成对活动，一般栖息于山间溪流的岩石上。停息时尾喜张开，似扇形。常在灌丛中追逐飞行，边飞边鸣。鸣唱声悦耳婉转似笛音，可以效鸣。一般在地面或浅水区觅食。巢多建于树杈、岩缝间，呈杯状。
食　　性： 杂食，主要取食昆虫、小蟹及植物的种子。
保护级别： 国家"三有"保护动物 / 无危（IUCN）。

白眉姬鹟

英文名： Yellow-rumped Flycatcher

学　　名： *Ficedula zanthopygia*

别　　名： 黄鹟、花头黄、三色鹟

体　　型： 小型鹟，体长 12 ~ 14 厘米。

外形特征： 喙黑色，脚黑色，虹膜褐色。雄鸟头部黑色具白色眉纹，上背及翼黑色，翼上具白斑，腰和下体黄色，尾部黑色，尾下覆羽白色。雌鸟体色较暗淡，无白色眉纹，翼上白斑较窄，整体偏灰绿色。

生活习性： 常单独或成对活动，主要栖息于低山丘陵和山脚地带的阔叶林、针阔叶混交林。鸣声为单调重复且清脆悦耳的哨音。主要在树冠下层觅食，也喜在空中捕食，偶尔也在小树和灌丛中觅食。喜营巢于林缘地带、阔叶林，巢呈杯状。

食　　性： 食虫，主要以鞘翅目、鳞翅目昆虫为食。

保护级别： 国家"三有"保护动物 / 无危（IUCN）。

北红尾鸲

英 文 名： Daurian Redstart
学　　名： *Phoenicurus auroreus*
别　　名： 红尾溜、黄尾鸲、灰顶茶鸲
体　　型： 中型红尾鸲，体长 13 ～ 15 厘米。
外形特征： 喙黑色，脚黑色，虹膜褐色。雄鸟头顶及颈背银灰色，眼先、头侧、额部、喉部均为黑色，上体黑色，翼上具白色三角形斑，下体橘黄色，尾部黑色，尾下覆羽橘黄色。雌鸟体色暗淡偏褐色，翼上白斑面积较小。亚成鸟上体密布斑纹。

亚成鸟

生活习性： 常单独或成对活动，主要栖息于山地森林、林缘地带、居民点附近的林灌，一般停息于枝头等显眼位置并不断点头和上下摆尾。一般在林间作短距离飞翔，不喜高飞。鸣声为单调重复的短促哨音，叫声尖细且音量较大。常于地面或灌丛间跳跃觅食，偶尔在空中捕食。巢建于树洞、石缝、墙缝中，呈杯状或碗状，雌雄亲鸟共同育雏。
食　　性： 杂食，主要以昆虫和灌木浆果为食。
保护级别： 国家"三有"保护动物 / 无危（IUCN）。

雌鸟

雄鸟

红尾水鸲

英 文 名: Plumbeous Water Redstart
学　　名: *Phoenicurus fuliginosus*
别　　名: 蓝石青儿、铅色水翁、溪红尾鸲
体　　型: 小型红尾鸲，体长 12 ~ 14 厘米。
外形特征: 喙黑色，脚黑褐色，虹膜深褐色。
雄鸟身体蓝色，腰至尾部红色，
翼蓝黑色。雌鸟身体灰色，下体
密布白色斑点，腰部、臀部和外
侧尾羽基部呈白色。幼鸟身体偏褐色，具白色点斑。

幼鸟背面

生活习性: 一般单独或成对活动于水边，喜栖息于河谷沿岸和山地溪流，停息时
尾上下摆动，有时尾张开呈扇形。鸣声一般为一串清脆的击石声。发
现食物后立刻飞起捕食，捕食后再飞回原处，有时也在地面奔跑啄食。
巢多建于水边岩石缝隙、树洞中，呈碗状或杯状，雌雄亲鸟共同育雏。
食　　性: 杂食，主要以昆虫为食，偶尔取食少量植物的果实和种子。
保护级别: 国家"三有"保护动物 / 无危（IUCN）。

幼鸟

雄鸟

雌鸟

白腰文鸟

英 文 名： White-rumped Munia
学 名： *Lonchura striata*
别 名： 白丽鸟、禾谷、十姐妹
体 型： 中型文鸟，体长 11 ～ 12 厘米。
外形特征： 上喙黑色，下喙色淡呈蓝黑色。脚灰黑色，虹膜褐色。眼先黑色，头部至上喙呈深褐色，具白色针状纹，腰白色。喉部黑褐色，上胸部具棕褐色鱼鳞纹，下体白色具褐色纵纹，两翼及尾部黑褐色。
生活习性： 一般成群活动，喜栖息于森林边缘、灌丛、稻田中，适应多种生境。鸣声为一串音调高的清脆颤音，集群时十分喧闹。常成群攀于植物的茎上觅食。巢建于灌丛或高大树上，呈球状或瓶颈状。
食 性： 杂食，主要以植物的种子为食，偏爱食稻谷。
保护级别： 国家"三有"保护动物 / 无危（IUCN）。

斑文鸟

英 文 名： Scaly-breasted Munia
学　　名： *Lonchura punctulata*
别　　名： 花斑衔珠鸟、小纺织鸟、香雀
体　　型： 较小型文鸟，体长 10 ~ 12 厘米。
外形特征： 喙粗壮呈黑色，脚灰蓝色，虹膜红褐色，眼先色深近黑色。上体棕褐色，密布白色针状纹，腰褐色。喉部红褐色，胸部及两肋具黑白相间的鳞状斑纹，下腹及臀部白色。尾部黄褐色。亚成鸟与成鸟相似但下体无斑纹。

亚成鸟

生活习性： 多成群活动，喜活动于山区、农田等开阔地区，栖息于山脚地带和低地，停息时常摆尾。喜飞行，振翅有力而飞行速度快。鸣声为清脆婉转的笛音。多在草地、农田中觅食。巢一般建于灌丛或树上，呈球形或椭圆形。
食　　性： 杂食，主要以谷物为食。
保护级别： 国家"三有"保护动物 / 无危（IUCN）。

成鸟

山麻雀

英 文 名： Russet Sparrow
学　　名： *Passer cinnamomeus*
别　　名： 红雀、山只只、赭麻雀
体　　型： 小型麻雀，体长 12 ~ 14 厘米。
外形特征： 雄鸟喙黑色，雌鸟喙偏黄色。脚粉红色。虹膜褐色。雄鸟头背部呈砖红色，眼先黑色，背部具黑色纵纹。喉呈黑色，腹部白色。翼黑色，具白色羽缘，翼上有白色翅斑。雌鸟整体偏棕黄色，具皮黄色眉纹和黑色贯眼纹。
生活习性： 一般成群活动，常栖息于疏林、灌丛等地。喜在灌丛间飞上飞下，飞行能力较强。鸣声常为轻快明亮的"啾—哩"声，集群时较喧闹。喜在树上、灌丛中觅食。巢多建于天然洞穴、墙洞中。
食　　性： 杂食，主要以植物的果实和种子、昆虫为食。
保护级别： 国家"三有"保护动物 / 无危（IUCN）。

雄鸟

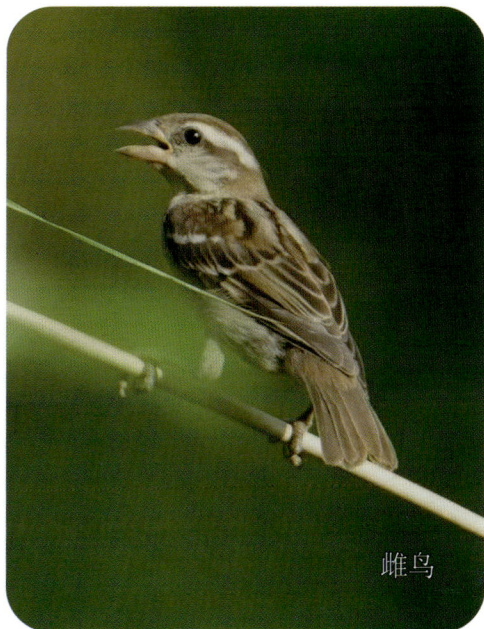
雌鸟

麻雀

英文名： Eurasian Tree Sparrow
学　名： *Passer montanus*
别　名： 树麻雀、家雀、瓦雀
体　型： 较小型麻雀，体长 12 ～ 15 厘米。
外形特征： 喙黑色，脚偏粉红色，虹膜褐色。头部红褐色，脸颊白色且具一黑色块斑。上体棕黄色，密布黑色斑点，具白色翅斑。颈部及喉部呈黑色，具白色颈环，下体偏皮黄色。尾部棕黑色。雌鸟与雄鸟相似，但雄鸟肩羽更红。幼鸟色较暗淡，喙基黄色，喉部呈灰色。
生活习性： 集群生活，活动于灌丛、树林、村庄、城市等多种生境，与人类伴生。飞行时振翅声明显，不作远距离飞行。鸣声常为单音节的金属音，集群时十分吵闹。喜在地面跳跃觅食。巢多建于墙洞、屋檐、树洞。
食　性： 杂食，主要以谷物为食。
保护级别： 国家"三有"保护动物 / 无危（IUCN）。

山鹡鸰（jí líng）

英 文 名： Forest Wagtail

学 名： *Dendronanthus indicus*

别 名： 林鹡鸰、树鹡鸰、刮刮油

体 型： 中型鹡鸰，体长 16 ~ 18 厘米。

外形特征： 喙粉色，上喙偏黑。脚粉色。虹膜灰色。头顶至上体灰褐色，具白色眉纹。颏部至下体白色，胸部具两道明显黑色横斑纹，下斑纹有时不完整。两翼具黑白相间的斑纹。尾部褐色与黑色相间，外侧尾羽白色。

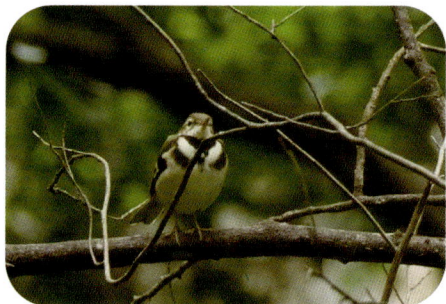

生活习性： 一般单独或成对活动。多活动于开阔森林中，喜栖息于树上，停栖时尾喜向两侧摆动。作波浪式飞行。鸣声多为响亮重复的金属"吱—吱"声，飞行时鸣声较短促。喜在林间捕食。巢建于小树上，呈杯状，雌雄亲鸟共同育雏。

食 性： 食虫，主要以昆虫为食。

保护级别： 国家"三有"保护动物 / 无危（IUCN）。

灰鹡鸰

英 文 名： Grey Wagtail
学　　名： *Motacilla cinerea*
别　　名： 黄腹灰鹡鸰、黄鸰、马兰花儿
体　　型： 中型鹡鸰，体长 16 ~ 20 厘米。
外形特征： 喙黑色，脚粉色，虹膜褐色。头部灰色，具白色眉纹。上体灰色，腰黄色。雄成鸟繁殖期喉部黑色，非繁殖期喉部白色。下体黄色，两肋白色。两翼黑色，具白色翼斑。尾长呈黑色，外侧尾羽白色。

生活习性： 常单独或成对活动，栖息于河谷、山区等各类生境中，喜停息于电线、屋顶等突出地点。呈波浪式飞行，边飞边鸣。鸣声为单音节且短促的"啧"声。一般在水边涉水觅食或在地面奔跑捕食，有时悬停捕食，喜上下摆尾。巢建于水坝石缝、河岸土坑等地点，呈碗状。
食　　性： 食虫，主要以水生昆虫为食，有时也取食蜘蛛等小型无脊椎动物。
保护级别： 国家"三有"保护动物 / 无危（IUCN）。

白鹡鸰

英 文 名：White Wagtail
学　　名：*Motacilla alba*
别　　名：白颊鹡鸰、水鹡鸰、眼纹鹡鸰
体　　型：中型鹡鸰，体长 17 ~ 20 厘米。
外形特征：喙黑色，脚黑色，虹膜褐色。整体黑白相间，雄成鸟繁殖期头顶至后颈呈黑色，头部其余部分为白色。上体灰色或黑色，颏部至胸部呈黑色，下体白色。两翼黑白相间，翼缘白色，具两道明显白色翼斑。尾部中央黑色，外侧呈白色。雌鸟与雄鸟相似但头部较暗淡，幼鸟整体偏皮黄色。亚种繁多，不同亚种上体差异大。

生活习性：常单独或成对活动，喜在农田、草地、水边等开阔地带活动。飞行时忽高忽低呈波浪形，一般边飞边叫。鸣声多为清脆的"唧呤"或"唧唧"声。常在地面快走一段距离再停下觅食，尾巴喜上下摆动。巢多建于水域附近，呈杯状，雌雄亲鸟共同育雏。

食　　性：食虫，主要以昆虫为食，偶尔取食植物的果实和种子。

保护级别：国家"三有"保护动物 / 无危（IUCN）。

普通亚种幼鸟

普通亚种成鸟

燕雀

英 文 名: Brambling

学　　名: *Fringilla montifringilla*

别　　名: 虎皮燕雀、花雀、花鸡

体　　型: 中型燕雀, 体长 13 ~ 16 厘米。

外形特征: 喙粗呈黄色, 端部黑色。跗跖粉色, 趾近黑色, 爪黑色。虹膜褐色。雄鸟繁殖羽头部至背部黑色, 具橙色翼斑和白色肩斑, 腰部白色,

雌鸟

胸部橙色, 腹部白色, 两肋具黑色斑点。雌鸟体色暗淡偏褐色。非繁殖期雄鸟似雌鸟, 但头部黑色偏多, 肩斑偏棕色。

生活习性: 一般成群活动, 栖息于针叶林、阔叶林、混交林、公园、农田等多种生境。鸣声单调重复且嘶哑响亮。一般在树上觅食。巢建于树上靠近主干的分枝, 呈杯状。

食　　性: 杂食, 主要以植物的果实、种子为食, 繁殖期主要以昆虫为食。

保护级别: 国家"三有"保护动物 / 无危(IUCN)。

繁殖期雄鸟

黑尾蜡嘴雀

英文名： Chinese Grosbeak
学　名： *Eophona migratoria*
别　名： 蜡嘴、小桑嘴
体　型： 较大型燕雀，体长 16 ~ 18 厘米。
外形特征： 喙粗呈黄色，端部黑色。脚粉红色。虹膜红色。雄鸟头部黑色，雌鸟头部灰褐色。上体褐色，下体褐色较淡，两肋橙黄色，初级飞羽末端白色，次级飞羽末端黑色具白斑。雄鸟尾部黑色，雌鸟尾部偏褐色且尾羽末端黑色。
生活习性： 一般成群活动，常栖息于阔叶林、针阔叶混交林、果园、城市公园。树栖性，在树间跳跃活动。飞行迅速有力。鸣声为短促的单音，鸣唱高亢明亮。常在树间跳跃觅食或在地面边走边觅食。巢建于乔木树侧的枝杈间，呈碗状或杯状。
食　性： 杂食，主要取食植物的果实、种子，亦以甲虫等部分昆虫为食。
保护级别： 国家"三有"保护动物 / 无危（IUCN）。

雌鸟

雄鸟

金翅雀

英 文 名: Oriental Greenfinch

学　　名: *Chloris sinica*

别　　名: 金翅、黄楠鸟、谷雀

体　　型: 小型雀类,体长12～14厘米。

外形特征: 喙粗呈粉色,脚粉色,虹膜深褐色。雄鸟头部灰色,眉纹及喉部呈黄色,眼先黑色。雌鸟头部灰色,黄色面积少。身体呈橄榄绿色,飞羽呈黑色具亮黄色及白色翼斑,飞行时黄色翼斑格外显眼。尾部黑色呈凹形。亚成鸟似雌鸟,胸部具褐色纵斑。

生活习性: 常成群活动,主要栖息于树林间,适应于多种生境。鸣声具磁性似虫鸣,声音虽轻柔但传播范围广。喜在树间跳跃活动,一般在灌丛和地面觅食。巢建于树顶小枝杈间,呈杯状。

食　　性: 杂食,主要吃植物的种子,偶尔取食昆虫和农作物充饥。

保护级别: 国家"三有"保护动物 / 无危(IUCN)。

凤头鹀（wú）

英 文 名：Crested Bunting
学　　名：*Emberiza lathami*
别　　名：凤头雀
体　　型：大型鹀，体长 16 ~ 18 厘米。
外形特征：上喙偏黑色，下喙偏粉红色。脚粉紫色。虹膜深褐色。雄鸟羽冠长而
　　　　　上翘呈黑色，身体黑色，两翼和尾部栗色，尾羽末端黑色。雌鸟头部
　　　　　深橄榄绿色，羽冠较短，身体深橄榄绿色，上体杂以黑色斑纹，胸部
　　　　　具黑色纵纹，两翼和尾部偏黑色，翼缘和外侧尾羽栗色。
生活习性：常单独或成对活动，栖息于矮草地及丘陵开阔地面，喜停栖于电线上。
　　　　　鸣声多为清脆高亢的哨音，降调。喜在麦田、油菜地等耕田上觅食。
　　　　　巢建于灌木、堤坝、壁穴、草丛等地，呈深杯状。
食　　性：杂食，主要以植物性食物为食。
保护级别：国家"三有"保护动物 / 无危（IUCN）。

雄鸟

三道眉草鹀

英文名： Meadow Bunting
学 名： *Emberiza cioides*
别 名： 大白眉、小栗鹀、三道眉
体 型： 较大型鹀，体长 15 ~ 18 厘米。
外形特征： 上喙及下喙基部黑色，下喙蓝灰色。脚粉褐色。虹膜深褐色。雄鸟头顶及颊部栗红色，前贯眼纹黑色，脸上具黑色"八"字条纹。
上体栗色，腰棕色，喉部白色，胸部栗红色，腹部皮黄色，臀部白色。翼及尾部黑褐色，羽缘白色。雌鸟与雄鸟相似但体色较暗淡，呈棕褐色，眉纹及下颊纹皮黄色，脸上无黑色图纹。
生活习性： 喜成群活动，多栖息于平原、丘陵、灌丛、电线杆等地。鸣声为一串短促的尖细金属音，鸣唱声悦耳多变。在地面觅食。巢建于草丛或灌丛基部，精巧呈杯形。
食 性： 杂食，主要以草籽和昆虫为食。
保护级别： 国家"三有"保护动物 / 无危（IUCN）。

雄鸟

黄胸鹀

英 文 名：Yellow-breasted Bunting

学　　名：*Emberiza aureola*

别　　名：白肩鹀、禾花雀、金鹀

体　　型：中型鹀，体长 14 ～ 16 厘米。

外形特征：喙粉色，上喙偏灰黑色。脚浅褐色。虹膜深红褐色。繁殖期雄鸟头部黑色，顶冠至背部栗色。喉黑色，下体黄色，具黄色领环和栗色胸带，肋上具褐色纵斑。翼栗色杂有黑色条斑，覆羽上具明显的白色翼斑。非繁殖期雄鸟体色较暗淡，头部仅耳羽黑色。上体较斑驳，翼斑不明显。雌鸟与雄鸟非繁殖羽相似，但下体黄色较淡。

生活习性：常成群活动，喜活动、栖息于开阔芦苇丛、草丛、耕地等植被低矮的环境。喜在草丛顶等突出栖处鸣唱，鸣声为急促清脆的金属音，多为升调。白天常觅食于草茎、地上和灌木枝上。巢多建于地面或灌丛中，呈碗状。

食　　性：杂食，以昆虫、小型无脊椎动物、草种等为食。

保护级别：国家一级保护野生动物 / 极危（IUCN）。

田鹀

英 文 名：Rustic Bunting
学　　名：*Emberiza rustica*
别　　名：白眉儿、花眉子、田雀
体　　型：较小型鹀，体长 13 ～ 15 厘米。
外形特征：喙粉色，上喙及下喙端部黑色。
　　　　　脚肉色。虹膜红褐色。雄鸟繁
　　　　　殖羽头部具黑白色条纹，冠羽
　　　　　黑色。上体具栗红色鳞状纹和
　　　　　黑色纵纹，喉部白色，具栗红色胸带，两肋具栗红色纵斑，腹部白色。
　　　　　非繁殖期头部偏黑褐色，眉纹偏黄色。雌鸟脸上具白色点斑，身体偏
　　　　　褐色，胸带不明显。
生活习性：一般集小群活动，常活动于农耕地、开阔杂草地、杂树林、苗圃等地，
　　　　　停栖时冠羽喜竖起。鸣声常为急促的金属哑嘴声。一般在地面觅食。
　　　　　巢多建于草丛和树丛中，呈浅碗状。
食　　性：杂食，主要以草籽、谷物等植物性食物为食。
保护级别：国家"三有"保护动物 / 易危（IUCN）。

小鹀

英 文 名：Little Bunting

学　　名：*Emberiza pusilla*

别　　名：虎头儿、花椒子儿、麦寂寂

体　　型：小型鹀，体长 11 ~ 14 厘米。

外形特征：喙灰色，脚红褐色，虹膜深褐色。头部具栗色和黑色条纹，脸颊红褐色，耳后具月牙形黑斑，眼圈白色。上体褐色密布黑色纵纹，腰灰色。喉部白色，喉侧具黑色纵纹，下体白色，胸部及两肋具黑色纵纹。

生活习性：一般集小群活动，喜跳跃，栖息于树林、草丛、灌丛、农田中。飞行时尾羽有规律地张开和收拢。鸣声为单调细弱的"啧"声。一般在地面或者灌丛中觅食。巢建于地上草丛或灌丛中，呈杯状。

食　　性：杂食，主要以植物的果实和种子为食，亦取食昆虫。

保护级别：国家"三有"保护动物 / 无危（IUCN）。

灰头鹀

英 文 名： Black-faced Bunting

学　　名： *Emberiza spodocephala*

别　　名： 黑脸鹀、蓬鹀、青头雀

体　　型： 小型鹀，体长 13 ~ 16 厘米。

外形特征： 喙黑色，下喙基部粉红色。脚粉褐色。雄成鸟头颈部灰色，眼先黑色。喉部灰色或黄色，上体栗色，下体黄色，两肋具黑色纵纹，翼及尾栗色，具白色翅斑。雌成鸟头部灰色，具皮黄色眉纹和颊纹，上体褐色，喉部及下体黄色，身体黑色纵纹较多。

生活习性： 常单独或集小群活动，喜活动于林缘开阔地，栖息于灌丛、阔叶林、针叶林、耕地等环境中。鸣声多为单调重复的哑嘴声。喜在地面觅食。营巢于近地树枝或低矮灌丛中，巢呈碗状。

食　　性： 杂食，主要以各类谷物、野生草种、植物果实为食。

保护级别： 国家"三有"保护动物 / 无危（IUCN）。

雄鸟